刊行にあたり

林業・造園業・建設業の仕事の中でツリーケアと呼ばれる樹上に係る作業があります。樹上という高所作業では、法令の原則に則り足場等の作業床を確保し作業することが望ましいです。しかし多くの現場は実際それが困難となるので、近年、海外からアーボリカルチャーの技術を取り入れ、認定樹護士アーボリスト®やツリーワーカー®という人たちが、ツリークライミング専用のロープを用いた登攀・降下、また身体を樹上で保持しながらの作業が広く行われるようになりました。

樹上におけるロープ高所作業の災害では、樹木アンカーの固定場所の間違いによる墜落災害、ロープと墜落制止用器具の接続を外したことによる墜落災害、作業中のチェーンソーやノコギリによるロープの切断によって起こる墜落災害等が報告されています。

このツリーケア業界に限らずロープで高所作業を行うビルの外壁のクリーニングや法面の吹きつけ作業の業界でも災害が少なからず発生していることを受け、厚生労働省では労働安全衛生規則等を改正し、新たにこれらの作業を「ロープ高所作業」として定義し、とるべき災害防止対策を明確にするため特別教育を行うことを義務付けました。

本書で詳しく触れますが、樹上作業における作業形態は、ワークポジショニングシステムやロープアクセスシステム等、4つに大別され、ロープ高所作業は、ロープアクセスシステムに含まれる一方、樹上作業では、ワークポジショニングシステムを採用することが多いです。

一見、樹上作業は、ロープ高所作業に該当しないように感じますが、リスク管理上、作業内容や状況によって、安全な作業形態を見極め、それに合ったギアの選択ができることが事故を未然に防ぎ、事故の重傷度を小さくすることに大きく貢献しますし、作業形態が違っても安全管理に共通する部分が多くあります。

本書が樹上におけるロープ高所作業に従事する方の特別教育テキストとして広く活用され、誰一人として災害に遭わないよう、そして無事に事業所に戻り家族が待っているところへ帰っていくことを切望します。

なお、本書は2017年6月に初版を発行し、今回3度目の改訂を行ったものです。

2023年8月

アーボリスト®トレーニング研究所
所長　ジョン　ギャスライト

目次

凡例　本テキストでは、法令名称等について、次のような略称を用いています。

安衛法……労働安全衛生法
安衛令……労働安全衛生法施行令
安衛則……労働安全衛生規則

1章

樹上における ロープ高所作業に関する知識

この章の目的

樹木に関する仕事は、樹木診断、治療、動植物の調査、剪定、害虫駆除、支柱設置、避雷針の設置、土壌改良、伐採等の作業があり、それらの作業には、それに伴う技術や知識、専用のギアやその使用方法が存在します。

樹上作業（以下、ツリーワーク）には複合的な危険因子が多く存在し、技術や知識だけでなく、樹上作業者（以下、アーボリスト®）と地上作業者（以下、グラウンドワーカー）の連携も安全作業には必要な要素であるため、共通した認識と意思の疎通が作業の安全性に重要な役割を担います。

樹上でのロープ高所作業においては、作業員の技量と経験に頼らざるを得ない作業が多く、１つのヒューマンエラーが死亡事故等の災害に繋がる危険性があります。そのため基本手順、道具の知識、各種点検等を現場作業員が共通認識した上で作業を行うことが必要です。

労働安全衛生法では、「事業者は、危険又は有害な業務に労働者をつかせるときは、当該業務に関する安全又は衛生のための特別の教育を行わなくてはならない。（抜粋）」とされていて、本講習である「ロープ高所作業特別教育」が行われています。

1-1　樹上作業（ツリーワーク）

樹木に関する仕事の種類と名称について、一例を示します。

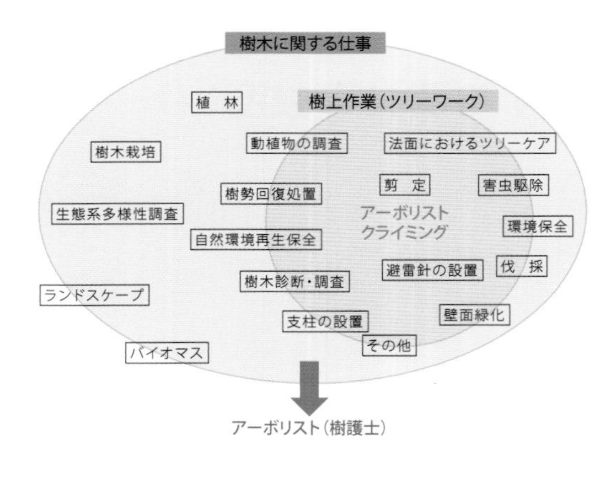

図1-1　樹木に関する仕事の種類と名称

樹上作業に関連する資格

これらの樹木に関する仕事に従事している人達が加入する世界最大の組織にISA（International Society of Arboriculture・国際アーボリカルチャー協会）があります。ISAとは、世界47カ国が加盟し、それぞれの専門分野について科学的に調査検証し、より良いツリーケアを安全に行うことを目指す団体です。その提携団体がJAA（日本アーボリスト®協会）であり、日本国内でISAが推奨する教育機関がATI（アーボリスト®トレーニング研究所）です。

「アーボリスト®」とは、それら多くの樹木に関する仕事についての技術や知識と経験を持ち合わせたツリーケアスペシャリストのことを指します。「ツリーワーカー®」とは、ロープを使い樹上で作業する人達を指します。ツリーワークに関する資格には次のようなものがあります。

ISA認定「ISA Certified Tree Worker Climber Specialist®」
ISA認定「ISA Certified Arborist®」
ATI認定「ATI Certified Master Jugoshi Arborist®」
ATI認定「ATI Certified Jugoshi Arborist®」

1-2　樹上作業における作業システム（作業形態）

ツリーワークは、木という自然物を対象とした作業であることが大きな特徴です。木の理解に加え、木の生育箇所、季節、樹種、気象条件、電線を含めた周囲の条件等、数多くのリスク管理が必要です。そのため、より安全に作業するためには、作業システム（作業形態）を理解することが大切です。

1-2-1　作業システム（作業形態）の種類

作業システムは大きく４つに分類することができます。

1　ワークポジショニングシステム

ロープ等の張力により、U字吊り状態等で安定した作業姿勢を保ち、両手を自由に使用して作業を行うための機構。

2　ロープアクセスシステム

吊られた状態で作業箇所に移動するための機構。「ロープ高所作業」が含まれます。

3　レストレイントシステム

墜落の危険がある箇所に接近しないように移動距離を制限するための機構。

4　フォールアレストシステム

地面等への激突を防止するため、墜落する作業者を捕捉し、墜落距離を制限するための機構。

1-2-2　作業システム（作業形態）の選択

ツリーワークでは作業条件が多岐にわたるため、作業システムを一つに決定する事が困難な場合が多くあります。したがって、作業条件に適合した最も安全性の高い作業システムを選択もしくは併用することが必要となります。

樹冠内でのツリーワークは、木の股等の自然物をアンカーポイントとして命をかけるためのロープをセットすることになります。木の股等は強度の保証が困難で、木の股等のアンカーポイントの強度の判断や、強度が増すような設定方法は、作業者の木の知識・技術に委ねることになります。墜落して大きな荷重がアンカーポイントにかかるフォールアレストは原則として避ける必要があります。したがって、自由落下距離を限りなくゼロにする（潜在的な墜落距離を抑える）作業システムが有効です。

樹冠内作業は、「ワークポジショニングシステム」に分類されます。

1-2-3　作業システム（作業形態）の選択例

いずれの場合も、例です。事業者の責任において実際の作業箇所の条件に適合した最も安全な作業システムを選択もしくは併用することが必要です。

1　ワークポジショニングシステム

樹冠内の作業や、崖の樹木作業等があります。原則的にアンカーポイントに衝撃荷重を加えないシステムとして有効で、ワークポジショニング用器具を使用します。一般的にロープの張力により、U字つり状態等で安定姿勢を保ち、両手を自由に使用して行う作業をいいます。また、作業時いかなる場合も、最低一つ以上のロープ等を使用し、ロープ等が緩んだ状態は使用に含まれません。

2　ロープアクセスシステム

壁面緑化作業や、崖の樹木作業等があります。墜落時、アンカーポイント及び、身体に衝撃荷重が加わる可能性があるためアンカーポイントの強度保証に加え、要求性能墜落制止用器具（通称：フルボディーハーネス）の使用が必要となります。樹冠内での樹上作業はロープアクセス技術を使用しますが、ロープアクセスシステムには該当しません。（ISO22846）

3　レストレイントシステム

要求性能墜落制止用器具を使用する場合、背部（又は胸部）アタッチメントに接続します。また、ワークポジショニング用器具を使用する場合は、レストレイントシステム用アタッチメント等の製品の仕様に基づいたアタッチメントに、短く調整したランヤードを接続し使用します。高所作業車を使用する時、バケットから電線や枝幹への墜落による危険性が想定される場合等があります。レストレイント用保護具等を使用する場合は、ランヤードの長さは短く調整する必要があります。取り付け箇所はライフサポートの接続ポイントです。

4　フォールアレストシステム

一般的に、墜落時に衝撃荷重を伴うフォールアレストシステムは、自然物である木の股等をアンカーポイントとして使用した場合、強度保証が極めて困難であるため、樹木に関する作業では選択しない事を推奨します。（ISO10333-1）しかし樹木の周囲に足場を設置し、足場を移動する際にはフォールアレストシステムが選択される可能性はあります。その場合は要求性能墜落制止用器具を使用する必要があります。

写真1-2　作業システム（作業形態）の選択例

墜落時、枝幹に激突する可能性や、樹木が足場から離れた箇所にある場合等、状況に応じ、より安全性が高いと判断される場合は、レストレイントシステムやワークポジショニングシステムも選択枝の一つとなります。

ISO：国際標準化機構

1-3　ロープ高所作業に係る特別教育の内容

樹上でのロープ作業は危険な業務であるため特別教育が必要です。その特別教育は、次のとおり、学科教育科目及び実技教育科目により行われます。

学科教育科目	樹上におけるロープ高所作業に関する知識（1時間）
	メインロープ等に関する知識（1時間）
	労働災害防止に関する知識（1時間）
	関係法令（1時間）
実技教育科目	ロープ高所作業の方法等（2時間）
	メインロープ等の点検（1時間）

1-4　ロープ高所作業の定義

安全衛生規則第36条、関係通達によるロープ高所作業の概要は以下の通りです。

「ロープ高所作業とは、高さが2メートル以上の箇所であって作業床を設けることが困難なところ[※1]において、昇降器具を用いて、労働者が当該昇降器具により身体を保持しつつ行う作業（40度未満の斜面における作業を除く。[※2]）である。」

（安衛則第36条第40号）

※1　「作業床を設けることが困難なところ」とは、目的とする作業の種類、場所、時間等からみて、足場を設けることが現実的に著しく離反している場合等における作業箇所をいい、単なる費用の増加によるもの等はこれに当たらない。作業床を設けることができるときには、作業床を設けなければならない。

※2　こう配が40度未満の斜面においてロープ高所作業と同様の内容の作業を行う場合についても、ロープ高所作業における危険防止措置を講ずることが望ましい。

1-5　樹上作業（ツリーワーク）で使用する器具

一般的なロープ高所作業で使用される器具は大きく分けると、昇降器具と保護具、ライフラインの器具に分けられます。

昇降器具
- 緊結具（カラビナ、スリング等）
- 接続器具
  - 降下器（エイト環、ディッセンダー等）
  - 登高器（アッセンダー等）
- 身体保持器具
- メインロープ（３つ撚り、12ｽﾄﾗﾝﾄﾞ、24ｽﾄﾗﾝﾄﾞ、ｶｰﾝﾏﾝﾄﾙ等）

保護具（墜落制止用器具、保護帽）

ライフライン

1-6　樹上作業（ツリーワーク）で使用する器具の強度

「メインロープ等の昇降器具については、十分な強度を有するもの※1であって、著しい損傷、摩耗、変形又は腐食※2がないものを使用する。」

（安衛則第539条の３）

※１　次の表に定める引張強度を有する器具については、「十分な強度を有するもの」として差し支えない。

※２　「著しい損傷、摩耗、変形又は腐食」とは、これらが製造されたときと比較して、肉眼で形状等を判定することができる程度に異なるものをいう。なお、あらかじめ保管場所及び保管方法、破棄・交換の基準等を定めておくことが望ましい。

器具		国内基準	ANSI	CE
メインロープ、ライフライン		19.0kN 以上	5400lb 以上・24kN 以上	22kN以上
緊結具	カラビナ	11.5kN 以上	5000lb 以上・23kN 以上	20kN以上
	スリング	15.0kN 以上		22kN以上
フルボディーハーネス（フルハーネス）※		15.0kN 以上	5400lb 以上・24kN 以上	15kN以上
身体保持器具（環・環取付部・ベルト取付部）		11.5kN 以上	5400lb 以上・24kN 以上	20kN以上
接続器具（ディッセンダー）		11.5kN 以上		12kN以上

※国内ではフルハーネスと呼ぶことが多いですが、海外ではフルボディーハーネスと呼ぶのが一般的です。

ツリーワークでは作業の特質上、救急車両が入れない箇所での作業が存在するため、常にレスキュー（２名以上の負荷）を想定した作業環境の整備を推奨します。

1-7　樹木に関する作業の分類例

1-7-1　樹冠内作業の種類

ワークポジショニングシステムによる樹冠内作業①・②

アーボリストがポジショニングランヤードによって、身体を安定させた姿勢を保ちながら作業を行う方法です。

樹冠内作業では、大きく分けて2つの方法があります。1つは、「ワークポジショニングシステム」による方法ともう一つは、「移動ロープを併用したワークポジショニングシステム」による方法があります。どちらの場合も「ワークポジショニングシステム」に大別されます。

①ワークポジショニングシステムによる方法

ダブルポジショニングランヤードによる樹冠内作業

・基本的なポジショニングランヤードの使用方法（次頁　写真1-7-1）

上部のポジショニングランヤードで身体を支え、下部のポジショニングランヤードで安定姿勢（以下、ポジショニング）を保持し、両手を使用して安定した作業を可能にしています。どちらも長さを調整できるポジショニングランヤード（アジャスタブルランヤード）で、長さを調整することで落下距離を小さくし、安定したポジショニングを確保できます。

２本のランヤードの使い分けの説明のため、上部のポジショニングランヤードをクライミングランヤードと呼びます。クライミングランヤードは墜落防止措置として機能しています。下部のポジショニングランヤードは、ポジショニング確保に加えクライミングランヤード切断の際のバックアップとして機能しています。

・クライミングランヤードの掛け替え（次頁　写真1-7-2）

作業のために移動するには、枝を交わしてポジショニングランヤードを掛けなおす必要があり、その際クライミングランヤードをより高い位置に掛け替えます。クライミングランヤードをより高い箇所に掛け替える際、一度クライミングランヤードを外す必要があります。その際、下部のランヤードがずり落ちたり、ポジショニングが安定しない等の危険があれば、ポジショニングランヤードの上部にクライミングランヤードの代わりとして身体を保持するためのバックアップ（写真○部分　24頁　写真1-7-8のCを使用）を取り付け、墜落を防止する対策が必要です。

いずれの場合も、クライミングランヤード、ポジショニングランヤードの両方が外された（オフロープ）状態とならないように使用します。また、ポジショニングランヤードは腰より上の位置に取り付け、かつ、安定したポジショニングとなるよう長さを調整し、クライミングランヤードの切断の際、落下距離をできるだけ小さくします。

この方法は地上まで達するロープを使用しないため、労働災害時のレスキューが困難であることを認識しておく必要があります。

写真1-7-1　基本的なポジショニングランヤードの使用方法

写真1-7-2　クライミングランヤードの掛け替え

写真1-7-3　ダブルポジショニングランヤードによる両手を使用して安定した作業例

②移動ロープを併用したワークポジショニングシステム

・基本的なメインロープを使用した樹冠内作業（次頁　写真1-7-4）

堅固な枝や幹から移動ロープ（メインロープ）によって吊り下げられ、メインロープとポジショニングランヤードによって安定した姿勢を確保し、作業を行います。

ポジショニングランヤードは腰より上の位置に取り付け、かつ安定したポジショニングとなるよう長さを調整し、万が一、メインロープの切断やメインロープを設置した枝の折損等、メインロープの張力が抜けた場合であっても、落下する距離をできるだけ小さくなるようにします。しかし腰より高い位置にポジショニングランヤードを掛ける枝や幹がなく、ポジショニングが安定しない等の場合には、もう１本のロープを木の股に設置する（ダブルクロッチング）等の方法を取ります（写真1-7-4○部分）。いずれの場合も、枝を足場として使用し、安定したポジショニングを確保する必要があります。

メインロープの掛け替えの際、ポジショニングランヤードがずり落ちポジショニングが安定しない等の危険があれば、メインロープの代わりとなる身体を保持するためのバックアップを取り付け、墜落防止のための対策が必要です。いずれの場合も、メインロープ、ポジショニングランヤードの両方が外された（オフロープ）状態とならないようにする必要があります。

加えて、メインロープは、アーボリストが安全に昇降するために十分な長さのものとし、ロープエンド（末端）には抜け止めのエンドノット（ストッパーノット）を作ります。

写真1-7-4　MRSによる、両手を使用して安定した作業例

③ロープアクセスシステムによる方法（次頁　写真1-7-5）

ロープによって身体を保持した状態で作業箇所へ移動して作業する方法です。壁面緑化など足場がない場所で、ぶら下がりながら作業をする場合や、樹上作業に至るまでの足場となる枝等がない、または、安全なアンカーが確保できない場合や法面におけるツリーケアに用いられ、メインロープとライフラインをそれぞれ異なった堅固な木や股に設置して作業を行います。ただし、ライフラインに取付ける墜落阻止器具（バックアップデバイス）と墜落制止用器具（フルボディーハーネス）を繋ぐランヤードは短く調整される必要があります。

加えて、メインロープ及びライフラインは、アーボリストが安全に昇降するため十分な長さが必要です。

また、ライフラインは、墜落制止器具を取り付けるためのものであって、ロープ高所作業中、常時身体を保持するためのものではありません。

・ロープ高所作業における「ライフライン」の設置

「事業者は、ロープ高所作業を行うときは、作業を行うためのロープ（メインロープ）以外に、墜落制止用器具を取り付けるためのロープ（ライフライン）を設置する。」

（安衛則第539条の2）

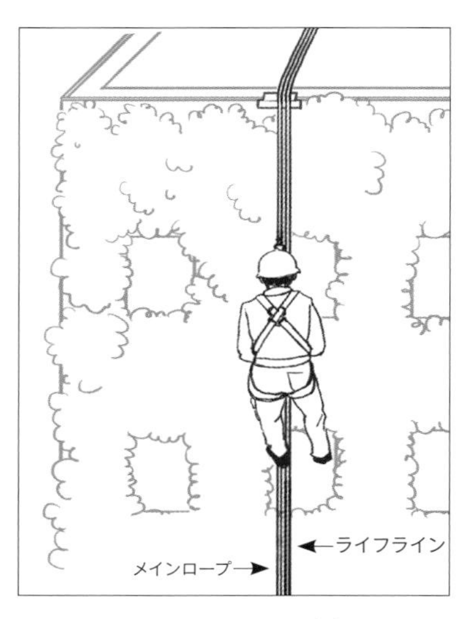

写真1-7-5　ロープアクセスシステムによるクライミング例

1-7-2　移動ロープ(メインロープ)を使用した作業方法(MRS、SRS)の理解

メインロープ（ツリークライミングロープ）を使用したツリーワークの基本的な昇降方法は、大別するとMRS（ムービング ロープ システム：Moving Rope System）とSRS（ステーショナリー ロープ システム：Stationary Rope System）と呼ばれる方法があります。

ツリーワークはMRSとSRSが混在する場合があります。それがツリーワークの特徴の１つと言えます。法面におけるツリーケア（植栽・メンテナンス・調査・伐採等）においてはSRSが用いられるのが一般的です。現場に応じたリスクアセスメントを行い、事業者の責任によって、より安全性の高い作業方法が選択されるべきです。

①MRS（ムービングロープシステム）

メインロープをループ状にアンカーポイントに設置して、そのループを大きく、または小さく調整することによって身体を上昇、または降下させる方法。特徴として、アンカーポイントに設置されたロープが、身体の上昇、降下に伴い動きます。

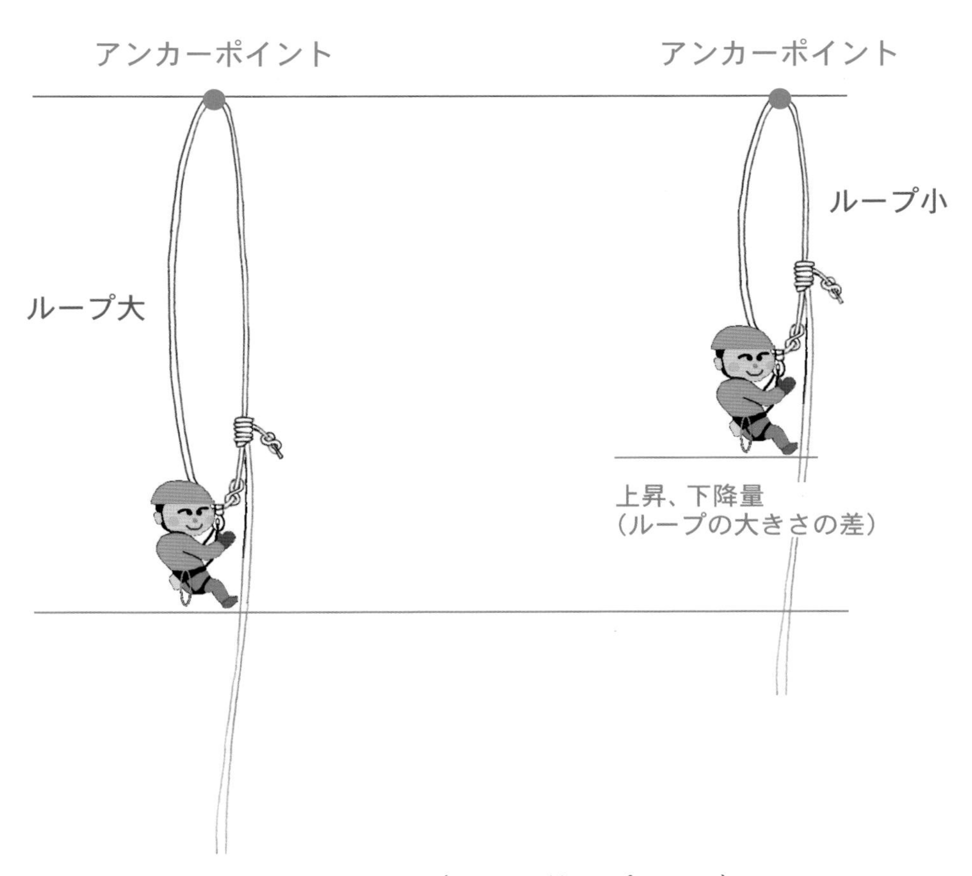

図1-7-1　MRS（ムービングロープシステム）

②SRS（ステーショナリーロープシステム）

アンカーポイントに固定されたロープ上を上昇、降下する方法。特徴として、アンカーポイントに設置されたロープは、身体の上昇、降下に伴い動きません。

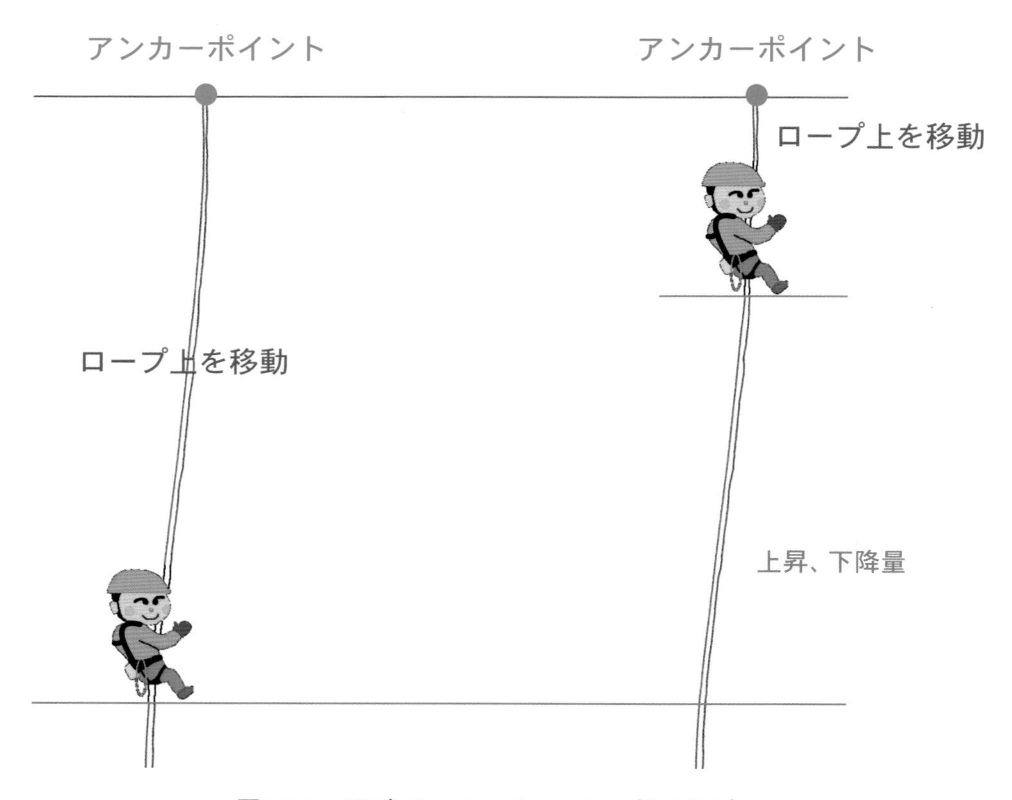

図1-7-2　SRS（ステーショナリーロープシステム）

※以下のイラストはMRSとSRSの違いを示しています。ロープ高所作業に該当する作業の場合はライフラインが必要です。

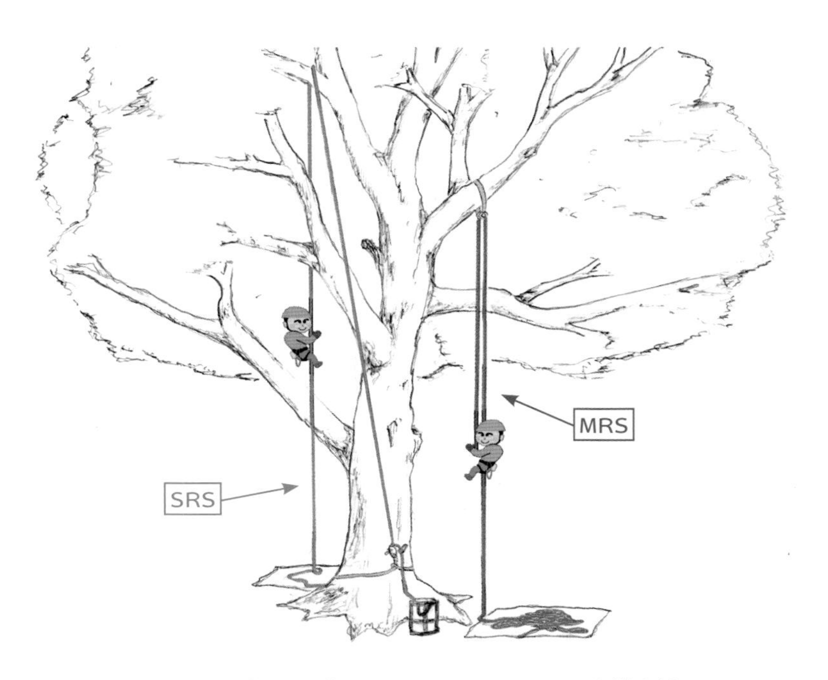

図1-7-3　樹上作業におけるMRSとSRSの登攀方法

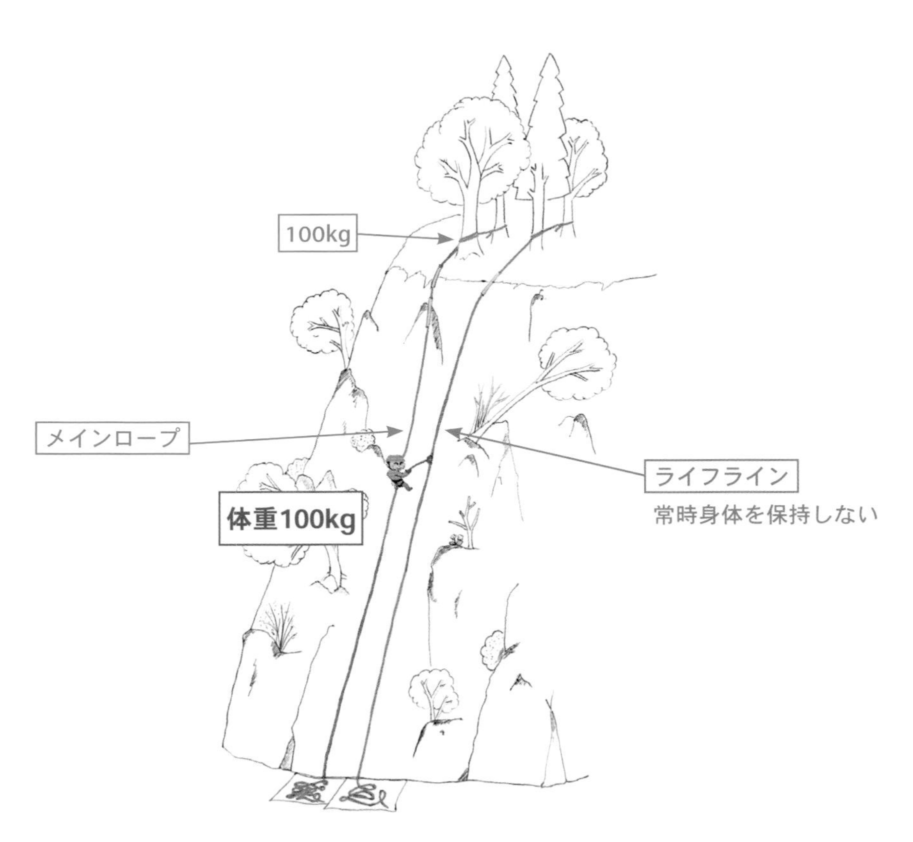

図1-7-4　法面作業におけるメインロープとライフライン

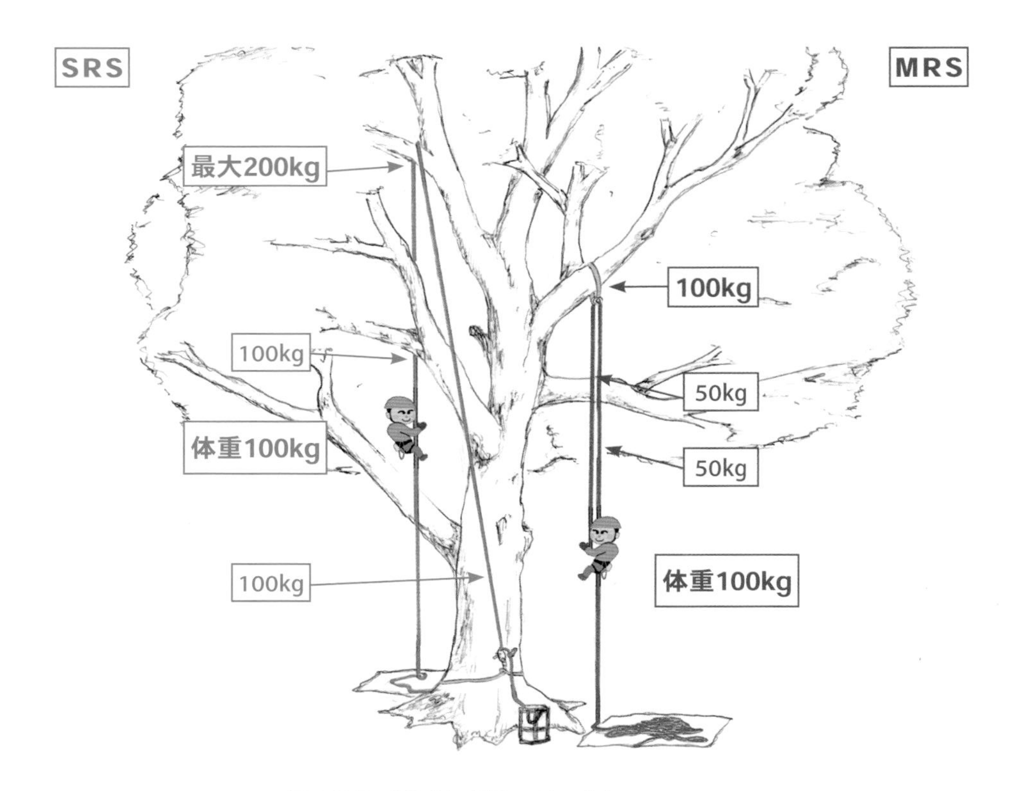

図1-7-5　MRSとSRSのリアクションフォース

1-7-3　メインロープを使用した樹上作業例

地上からの木の股や幹へのロープ取り付け（タイイン）によって樹上作業を行う場合の作業例を以下にまとめます。

ツリークライミング

ロープはツリークライミング専用ロープを使用します。メインロープの取り付け（タイイン）の際は、必ずロープを取り付ける箇所（アンカーポイント）のインスペクションを行い、ポジショニングランヤードとメインロープを取り付けたうえで、実際に体重をかけてアンカーポイントの強度、ロープの振れや、枝との摩擦、バックル類の緊結、カラビナが正しく取り付けられているか、使用しているフリクションのシステムは機能するか、ロープエンドには、抜け止めのエンドノットは作成したか、チェックを行います。

タイインの際には、木の股や幹が健全であるかチェック（ツリーインスペクション）を行いますが、地上からでは離れているため十分確認が行えない場合があり、危険の見過ごし（ヒューマンエラー）が想定される場合があります。その場合は異なった２カ所の木の股や幹に取り付けた２本のロープ（ダブルクロッチング）を使用して危険を低減して登攀します。ロープアクセスシステム（ロープ高所作業）を選択する場合は、墜落時の枝や幹への激突や地上までの距離、スイング、アンカーポイントにかかる荷重、バックアップデバイスの仕様等のリスク管理に注意が必要です。

樹上に到達

ポジショニングランヤードを設置した後、ロープを設置（タイイン）している箇所（アンカーポイント）が健全で作業に耐えるだけの強度があるか再度確認（ツリーインスペクション）します。

ワークポジショニングシステムによって、作業箇所まで枝上を足場として移動（リムウォーク）に移るために、ポジショニングランヤードを取り外します。

クライミングの際ライフラインを使用した場合は、付けていたライフラインを外し、外したライフラインは、労働災害発生時のアクセスラインとして使用できる状態にしておきます。しかし、そのロープが作業に支障となる場合や、行う作業がロープに損傷を与える可能性がある場合には、ロープをスローライン※に替えておく等の代替措置を講じておきます。

※上記用語　75頁「図3-1-5　スローライン」参照

作業箇所までの移動

メインロープによって作業箇所に移動します。

メインロープ１本だけでは樹上での安定した移動が困難で、危険性が大きい場合、メインロープの他に、異なる木の股や幹から別のロープも使用し、２本のロープで樹上を移動します。その中には、ダブルクロッチング（Double Crotching）やトランスバース（Transverse）といった方法があります。

樹冠内の移動経路、木の種類、形状、樹勢、気象、立地等からリスクマネージメントを行い、より危険の少ない作業方法を選択します。

写真1-7-6　ツリーワークにおけるバックアップ例1（左）
写真1-7-7　ツリーワークにおけるバックアップ例2（右）

作業箇所に到着

作業箇所に到着した際には、作業に入る前にポジショニングランヤードを取り付けます。ポジショニングランヤードは腰より上の位置に取り付け、かつ安定したポジショニングとなるよう長さを調整し、万が一、メインロープの切断やメインロープを設置した枝の折損等、メインロープの張力が抜けた場合に備えて、落下距離をできるだけ小さくします。また、安定したポジショニング確保のために、ランヤードを追加使用したり、ポジショニングランヤードがずり落ちないよう工夫が必要です。（24頁　写真1-7-8参照）

メインロープとポジショニングランヤードの両方を外した、いわゆるオフロープ状態を回避する必要があります。ポジショニングランヤードは墜落防止用であることはもちろん、樹上での安全作業を行うためのポジショニングの確保、加えて振り戻し（スイングバック）の防止等のためにも重要な役割を果たしています。

作業

ロープを使用してのツリーワークの特徴は、ノコギリやチェーンソー等の刃物を使用すること、身体をねじった状態で行える広範囲を作業箇所としていること等です。作業時には、安定したポジショニングが不可欠で、少しのスリップでもノコギリやチェーンソーでロープだけでなく身体を切る危険性があります。作業時には、通常２本以上のロープ（メインロープとポジショニングランヤード）を使用して、両手が使える安定姿勢を保つ必要があります。

メインロープの掛け替え、移動の繰り返し

メインロープの掛け替えの際は、必ずその都度ロープを取り付ける箇所（アンカーポイント）のインスペクションを行い、ポジショニングランヤードと必要に応じて墜落防止用のバックアップ（次頁　写真1-7-8参照）を取り付けたうえで、実際に体重をかけてアンカーポイントの強度、ロープのねじれや、枝との摩擦、バックル類の装着、カラビナが正しい向きに確実に取り付けられているか、使用しているフリクションのシステムが機能するかチェックを行った後、新たなアンカーポイントを使用します。

降下

メインロープの掛け替えによって、地上まで降下するために必要なロープの長さが変わっている場合があるため、降下の際はロープの長さが地上に降りるのに十分足りているか事前に確認する必要があります。加えてロープエンド（末端）には抜け止めのエンドノット（ストッパーノット）を作ります。

写真1-7-8はメインロープを外す前に身体を保持するバックアップの例です。バックアップは腰より上部で身体を保持し、身体がずり落ちない措置を講じます。

A：Good　テープスリングによるガースヒッチ

　墜落防止用のバックアップとして使用できる。長さの調整ができれば、より安全なポジショニングが可能となる。

B：Better　ガースヒッチ＆フリクションコード

　リング付きのフリクションコードの使用により長さの調整が可能となり、ポジショニングが可能となる。

C：Best　ガースヒッチ＆フリクションコード＆プーリー

フリクションコードとプーリーの使用により、長さの調整が容易となり、ポジショニングが可能となる。

写真1-7-8　墜落防止用のポジショニングバックアップ例

1-7-4　メインロープを使用した法面作業例

法面でのツリーケア作業（植栽・メンテナンス・調査・伐採等）における作業例を以下にまとめます。

作業箇所までの通路

ロープ高所作業箇所に至る通路からの墜落の危険があるため、墜落防止措置が講じられた安全通路によって作業箇所へ移動します。

ロープの緊結箇所(支持物、アンカーポイント)の選定

立木を利用する場合は、必ずアンカーポイントとなるロープの緊結箇所のインスペクション（立木の太さ（直径20cm以上推奨)、腐朽の有無、根張り、木の傾斜、湧水等）から必要な強度を確認し、強度が独立した２カ所の立木にロープを緊結します。

ロープの結束方法

アンカーポイントにロープワーク（62頁「3-1-2 ロープワーク」参照）によって緊結する方法（図1-7-6）と、スリングやカラビナを併用する方法（図1-7-7)が挙げられます。スリングやカラビナを併用する方法は、ノットを少なくし、ヒューマンエラーを防止する点に加え、作業中、アンカーポイント数の増減が必要な際にも有効な方法です。

ノットは正確に行うことはもちろん、種類によって方向性や強度に違いがあるため、使用には十分な知識と訓練が必要です。緩み防止のため、作成したノットが干渉しないような位置決めも重要です。

加えてロープ末端には抜け止めのため、ノット（エンドノット、ストッパーノット）を作成します。

カラビナを使用する場合は、強度が低いマイナーアクシスや曲げ荷重がかかるような使用方法とならないように注意します（44頁　「2-1-3　主なギア（器具）類　①カラビナ」参照）。

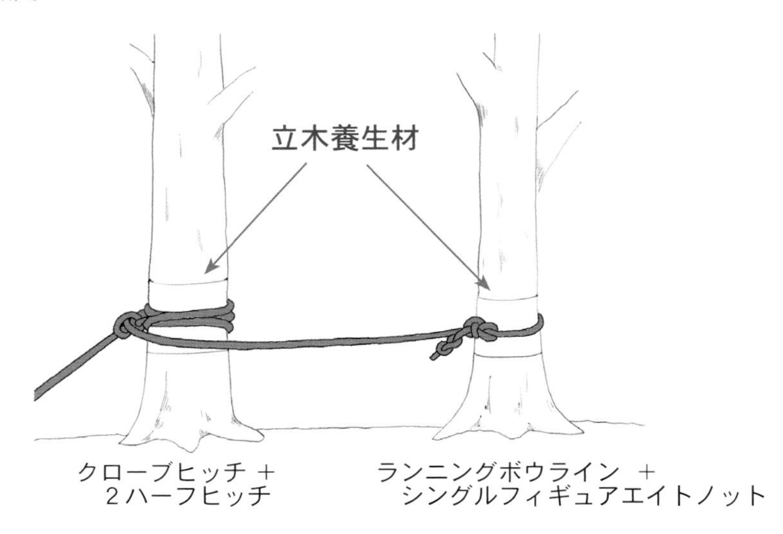

図1-7-6　立木とロープの緊結例①

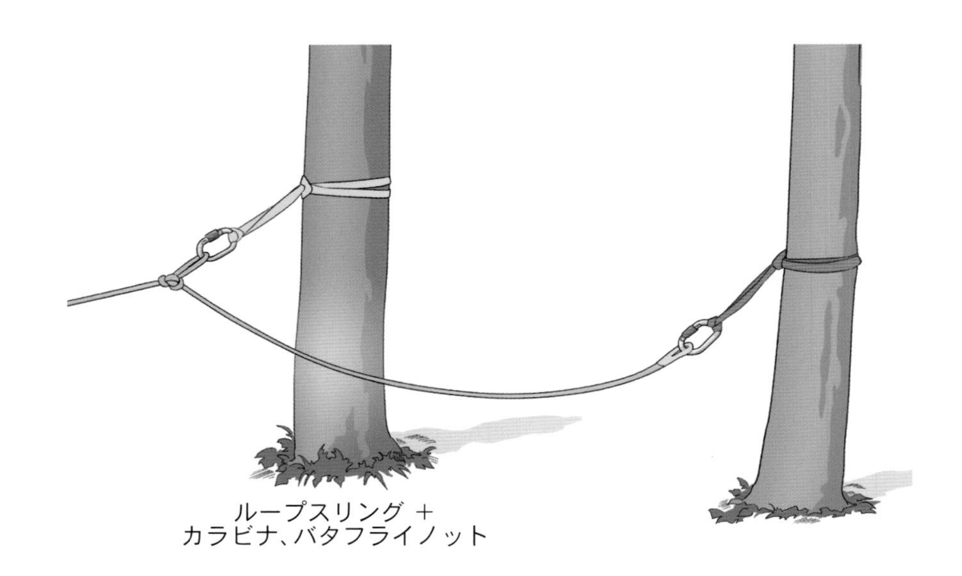

図1-7-7　立木とロープの緊結例②

作業前・作業中

メインロープ、ライフラインはそれぞれ別のアンカーポイントに緊結します。墜落の危険のない箇所もしくは墜落のリスクの無い状態で、各種器具を取り付け、それぞれのアンカーポイントの強度、緊結箇所に緩みや干渉がないか、墜落制止用器具や、降下器、墜落阻止器具が正常に機能するか等、必要な確認を行います。

メインロープ、ライフラインの末端に抜け止め防止のため、ノット（エンドノット、ストッパーノット）が作られているか、墜落の恐れのない安全な箇所まで降りられるだけのロープの長さが十分に足りているか確認します。

メインロープへの乗り込みは、墜落の危険がない安全な場所で行います。

ロープが鋭利な箇所との摩擦により、切断の危険性があるため、ロープの切断防止措置として、ロープ保護カバーの設置や、ロープの干渉箇所の回避等の措置を講じます。

降下によるロープや足等による法面との接触によって、落石等の危険があるため上下作業は避けます。また、法尻には落下防止柵や立入禁止措置等の措置を講じます。

ロープを含む使用器具や、法面に異常が確認された場合は直ちに作業を中止し、安全な所に退避し危険防止措置を講じた後、作業を再開します。

同法面作業において、ロープ高所作業におけるライフラインの設置が困難で、別途、安全措置が必要となる場合もあります。

1-8　作業手順

現地事前調査（Pre-Inspection）　記録が必要

　作業指揮者の選任

作業計画（Develop Work Plan）　記録が必要

作業前ミーティング（Pre-Work Meeting）　記録が必要

作業前点検（Tree & Site & Gear Inspection）　記録が必要

ゾーニング（Zoning）

木へのエントリー（Entering the Tree）

各種作業
（樹木診断・治療、動植物の調査・観察、剪定、害虫駆除、支柱設置、避雷針の設置、伐採等）

登攀（Climbing）

ロープ取り付け（Tying in）

掛け替え　作業指揮者等による指揮、監視、点検

（ALT、Rope Advance、Recrotching、Redirect、Double Crotching）※

※上記用語は77頁参照

降下（Descend）

ギア類の点検（Gear Inspection）・ギアの回収（Clean up）

清掃（Clean up）

立入禁止箇所の解除等（Remove）

終業時ミーティング（Clean up Meeting）

※赤字：労働安全衛生規則第539条に記載。

1-9　ロープ高所作業時の実施事項

1-9-1【現地事前調査（Pre-Inspection）】

記録が必要（安衛則第539条の４）

あらかじめ、ツリーワークを行う場所について次の事項について調査し記録します。調査結果記録の様式は任意です。記録は作業終了まで保管します。

①作業場所の点検（Site Inspection）

電線類、土地の傾斜、湧水、周辺樹木、交通状況、構造物、気象（高温、多湿、降雨、降雪、風向き、落雷）、有毒植物、居住地域、照明、境界、埋設物、雷等。

②作業樹木の点検（Tree Inspection）

根系（Root Crown）：キノコ、割れ、空洞、根の切断痕、盛土等。

幹（Trunk）：キノコ、割れ、空洞、ツル絡み、樹皮の滑落、膨らみ、太さ、枝の結合等。

樹冠（Tree Crown）：樹勢、樹高、枝張、枯枝、かかり枝、割れ、動植物の生息、昆虫、電線類等。

その他：積雪（滑り、荷重）、濡れ、地被類等。

③タイイン箇所（アンカーポイント）となる木の股の位置（高さ等）、安全性（割れ、腐朽、太さ等）、アンカーポイント周囲状況。

④アンカーポイントまでのクライミングルート上における危険（枯枝、かかり枝、割れ、動植物の生息、電線類、腐り、空洞等）。

⑤メインロープの切断や、摩擦が生ずるロープの屈曲箇所（枝や幹との接触箇所）の位置及び状態。

写真1-9-1　キノコ

写真1-9-2　枝の割れ（バナナクラック）

ISAの許可を得て掲載

**図1-9-1　ツリーインスペクション（樹木の点検）、
サイトインスペクション（周辺環境の点検）**

上図を使ってツリーインスペクション（樹木の点検）、サイトインスペクション（周辺環境の点検）を行ってみましょう。

点検例

ツリーインスペクション（樹木の点検）

・木の根元の空洞・着生植物・クラック・動物・入皮・折れ枝・枯枝・ハチの巣等

サイトインスペクション（周辺環境の点検）

・電線・雨雲・雷等

1-9-2【作業計画（Develop Work Plan）】

記録が必要（安衛則第539条の５）

あらかじめ、現地の事前調査により作業計画書を作成し、関係労働者に周知のうえで作業計画に基づき作業を行います。作業計画書の様式は任意です。作業計画書には次の事項を記録します。

①作業の方法及び順序

ツリーワークにおける手順、作業箇所までのクライミングルート、ロープの取り付け（タイイン）方法等も含みます。

事前調査で発見された危険因子（例：子実体、腐朽、電線等）は作業前に対応策を講じる必要があります。この対応策が行われるまでは、樹上作業に入ることはできません。

また、クライミングルートが電線等によって感電の危険性がある場合、電線等から離れた箇所とし、不用意にスイングしても電線等から離れられるようロープのタイイン箇所を選定する等、感電防止のための措置が必要です。

②作業に従事する労働者の人数

選任された作業指揮者、アーボリストとグラウンドワーカー、有資格者の人数と種類、ファーストエイド講習修了、CPR（心肺蘇生法）講習修了、健康診断受診日等必要に応じた事項を記載します。

ツリーワークは、作業の安全性、災害時の対処を考慮して３人以上での作業を推奨し、そのうち２名以上はファーストエイドとCPR（心肺蘇生法）講習修了、及びレスキュー訓練修了者の配置が望ましいでしょう。

③メインロープ及びライフラインを緊結するためのそれぞれの支持物の位置

ツリーインスペクションによって安全性が高いと思われる木の股部分や、幹、根株部分を表記します。ロープやポジショニングランヤードを掛け替える際は、その都度インスペクションを行い、安全性を確保します。

④使用するメインロープ等の種類や強度

ツリーワークに適合したツリークライミングロープ、使用するロープに適合したアッセンダーやディッセンダー、フリクションコード、及び墜落制止用器具等の種類と強度を記載します。

レスキューを想定すると通常１人で使用しているギアに２人の体重を掛ける場合があるため、規定以上の強度があるギアの使用が推奨されます。

⑤使用するメインロープ及びライフラインの長さ

現地の事前調査により、ツリーワークに必要なロープの長さを決定します。ロープの掛け替え等により必要なロープの長さが変わることがあるので、少し長めのロープを用意します。またロープエンドは常時50㎝以上地面に残っているように注意します。

⑥切断のおそれのある箇所及び切断防止措置

ツリーワークで切断の恐れがあるのは、主に枝や幹でロープが屈曲（枝や幹との接触）して摩擦が生ずる箇所です。その対処としてリングセーバー（ring saver）や、ロープセーバー(rope saver)と呼ばれるギアを設置してロープの摩擦による損傷を軽減させる方法があり、それは同時に樹木の樹皮等の損傷も軽減する効果も期待できます。

ただし、ツリーワークで難しいのが、摩擦の軽減が一概に良いとは言えない場合があることです。例えばSRSでの作業の場合等では、枝にかかる荷重負担を幹や他の枝への摩擦によって軽減する手法がとられることがあります。その場合は、上述した摩擦軽減のためのギアを設置しないという選択肢がありますが、いずれの場合も、作業を簡易にするためではなく作業員の安全確保を考えて作業方法が選択されるべきです。

実際のツリーワークで最も ロープの切断の恐れが高いのは刃物で、ノコギリやチェーンソーの使用方法には、細心の注意と専門トレーニング※が必要です。

※参考　Tree Climbing Arborist® セミナー（Arborist® Training Institute主催）
基礎コース：Basic Arborist® Training (BAT) Courses (Level1~3)
実践コース：Advanced Arborist® Training (AAT) Courses (Level1~2)

⑦メインロープ及びライフラインを支持物に緊結する作業に従事する労働者の墜落による危険を防止するための措置

ツリーワークでは、メインロープの掛け替えを樹上で行う場合が多くあります。その際、ポジショニングランヤードのずり落ちやポジショニングの確保が難しい場合はポジショニングランヤードに加え、身体保持のためのバックアップを付けることで、墜落の危険を防止する措置を行います。

⑧物体の落下による危険を防止するための措置

作業箇所のゾーニング（区画化）を行い、ドロップゾーン（Drop Zone）、ワークゾーン（Work Zone）、セイフティゾーン（Safety Zone）を設け、作業中の立入り制限区域を設定し、保護帽を着用します。ドロップゾーンについては明示が推奨されます。

ISAの許可を得て掲載

図1-9-2　コミュニケーションの重要性

また、アーボリストとグラウンドワーカーの連絡を「コマンド（Command）＆レスポンス（Response）」（次頁　表1-9-1）やジェスチャー、ホイッスル、無線機等の連絡方法を明確化して、相互に確認することで、現在進行中のお互いの作業を理解し、安全を確認してから次の作業に移行することができます。これらは事前に作業

表1-9-1　コマンド（Command）&レスポンス（Response）使用例

コマンド	レスポンス	使用例
スタンドクリアー Stand Clear	オールクリア ALL Clear	アーボリストが枝を切る等の作業に入る前の合図。
ヘデック Headache!	素早く顔を伏せて逃げる	何かが頭上に緊急に落ちてくる際の合図。
インドロップゾーン In Drop Zone	OK	グラウンドワーカーがドロップゾーンに 立ち入る際の合図。

に係る全てのアーボリストとグラウンドワーカーが周知・実行する必要があります。

物体の落下によるアーボリスト、グラウンドワーカーの危険を防止するため保護帽を着用します。樹上作業中のギア類の落下防止には、セイフティーコードや、スリング、その他ヒモ等で、墜落制止用器具や樹木に接続することを推奨します。

⑨労働災害が発生した場合の応急の措置等

ツリーワークの作業現場は、車両が進入できない場所での作業や、ハシゴが届かない場所での作業も多くあります。本来そのような場所で労働災害が発生しないための安全対策が最も重要ですが、それでも労働災害は発生することがあります。そんな際、重要となるのが事前の備えです。

〈事前の備え〉（案）

- 緊急連絡系統図作成、救急病院の事前把握と作業員への周知。
- 応急処置用品の地上常備と墜落制止用器具装着用ファーストエイドキット。
- アーボリスト及びグラウンドワーカーの現在進行中の作業（事故がないか）を双方が確認できるような連絡体制。
- レスキューのためのアクセスライン設置もしくはそれに準ずる措置。
- First Aid（ファーストエイド）、AED、CPR（心肺蘇生法）の講習受講者を複数名配置。
- レスキュー訓練受講者の複数名配置。
- 樹上レスキューの講習会※を受講した後には、事業者の責任において低い箇所（Low）で、ゆっくり（Slow）、チームレスキューの反復訓練。

※参考　Tree Climbing Arborist® セミナー（Arborist® Training Institute主催）
レスキューコース：Tree Aerial Rescue and Safety (TARS) Courses (Level1~2)

樹上レスキュー講習会は、レスキューのみではなく、災害事例等から事故が発生しないための作業方法や手順を学びます。

実際の樹上における労働災害の多くは、セルフレスキューが可能なケガが大半であるため、災害時における自分自身の対処方法や手順、仲間への応援の指示等を落ち着いて実行できる能力習得のための有効な講習会です。

しかし、レスキュー講習会の受講によって直ちに被災者を救助できるようになるわけではありません。労働災害では消防署への通報が第一で、被災者の救助も２次災害防止の観点から、消防の救助隊によって行われます。被災者の救助には２次災害のリスクも大きいことから、作業員が行う場合には慎重であるべきで、現場の安全対策を講じた後、事業所の安全体制・基準に基づき、事業者の責任において指名された者が行う必要があります。

写真1-9-3　緊急用装備品例

写真1-9-4　レスキュー講習会

〈応急の措置例〉

現場の状況確認

作業指揮者が中心となり現場の状況を冷静かつ迅速に判断し、応急手当、救急車の必要性を判断する。必要性があれば、通報者を指名して119番通報を指示する。状況に応じてAEDの準備や心肺蘇生、止血法、その他の応急手当、２次災害防止のための措置を順次指示する。

救急車を要請した場合はまず場所の連絡を行う。電話を切らず電話の指示に従い、救急処置や被災者の状況連絡を救急隊が到着するまで行う。

被災者に対する救護措置等

救急隊が到着するまでの間、救急隊到着時の救急処置に協力できるように、被災者への呼びかけによってケガの状態や必要措置の詳細を把握する。

関係者への連絡

被災者の家族、警察署、労働基準監督署、発注者、会社、施設管理者等へ連絡をする。

現場の保存

現場検証や事故原因の特定のため、現場を保存する。

災害の発生原因の調査と対策

二度と同じ事故を繰り返さないため、災害の発生原因の調査と既存の対策の不備を確認し、再発防止対策を講じる。

作業ごとに類似した災害事例や、想定される災害に合った応急措置になるよう注意して計画書を作成する必要がある。

⑩使用するギア（器具）の種類及び数量

各ギア（器具）の正しい取り扱い方法を知り、作業に必要なギアを過不足なく準備することは、無理な作業をする必要がなくなり安全作業に繋がることとなります。

1-9-3【作業指揮者の選任】

作業を指揮する者を決めます。作業指揮者は作業計画に基づき作業の指揮と次の事項を行います（安衛則第539条の６　94頁参照）。

※作業指揮者には、作業指揮者の職務を適切に実施できるものを選任すること。

※単独で作業する場合は、作業指揮者の選任は要しないが、安衛則第539条の5に定める作業計画に基づく作業が適切に行われるためにも作業指揮者を選任することが望ましい。（関係通達　第3　細微事項（5）①）

①点検項目（作業を開始する直前）

以下の項目について、作業指揮者等によって複数人で確認することが望ましい。

・メインロープ及びライフラインが設置してある木の股は、健全で、強度があるか。この時メインロープ及びライフラインはそれぞれ異なる支持物に、外れないように確実に緊結されているか。

・メインロープ及びライフラインは、ロープ高所作業に従事する労働者が安全に昇降するため十分な長さのものであるか。またエンドノットはあるか。

・木の股等、摩擦によりメインロープ及びライフラインが切断するおそれのある箇所に、セーバー類が設置されているか。

・墜落制止用器具等はメインロープ及びライフラインにカラビナ等の緊結具や、ディッセンダー等の接続器具で確実に取り付けられているか。カラビナのゲートの向きは正確か。服等衣類が開閉の支障となっていないか。ノットは正しくできているか。ディッセンダー等の使用方法に間違いはないか。

②墜落制止用器具及び保護帽の使用状況の監視（作業中）

写真1-9-5　作業指揮者による点検

2章

メインロープ等に関する知識

この章の目的

ロープはツリーワークに係る業務に携わる人（アーボリストやツリーワーカー）にとって、最も大切なギアの１つです。ロープの特徴や強度、使用方法や点検方法、メンテナンスを知ることは、単に法律で決まっているからではなく、自分や仲間を守ることにつながる大切な知識です。

ロープに限らず新しいギアが次々開発されており、特にアーボリストにとってロープは命を預けるのに大切なギアの１つです。すべてのギアは、特性やメンテナンス、使用方法等をメーカーの使用条件や指示に従って使用する必要があります。どんなに安全に作られた強度のあるギアであっても、使用方法が間違っていれば事故につながる危険性があります。

2-1　メインロープ等一般的な種類、構造、強度、取り扱い方法

2-1-1　ロープの一般的な種類、構造

用途による種類

用途によって、アーボリストの昇降や樹上での横移動に使用するツリークライミングロープ（アーボリストロープ）と枝や幹の吊り降ろし作業に使用するリギングロープがあり、それぞれクライミング用、リギング用として販売されています。

リギングロープとして販売されているロープは、ツリークライミングロープとしては使用できないのはもちろん、一度でも枝や幹の吊り降ろし作業（リギング）に使用したツリークライミングロープは、再度ツリークライミングロープとしてアーボリストの昇降や樹上移動には使用しないよう注意が必要です。

ツリークライミングロープの素材

ポリエステル、ポリアミド、ポリエチレン、ポリプロピレン、ナイロン、ビニロン等によって製造されています。メーカーによって編み込む化学繊維の種類や比率、形状を変えることで、用途に合わせたロープが作られています。

ツリークライミングロープの形状

ロープの素材となる繊維糸を撚(よ)ってヤーンが作られ、ヤーンを撚ってストランドが作られます。ストランドを撚ってロープとなり、ストランドの数や、撚り方によって形状が変わります。

・３ストランドロープ

比較的安価で、摩擦に強い特徴があります。強度は同径の他のロープに比べると比較的低くなっています。撚りが戻ると強度が著しく低下するためクライミングには向いていません。

・12ストランドロープ

一般的には芯は無いものが多く、一部芯のあるロープも販売されています。16ストランドロープより安価です。

・16ストランドロープ

現在、ツリーワークで最も一般的に使用されるロープです。

・24ストランドロープ

アーボリストのために作られた比較的新しいロープです。

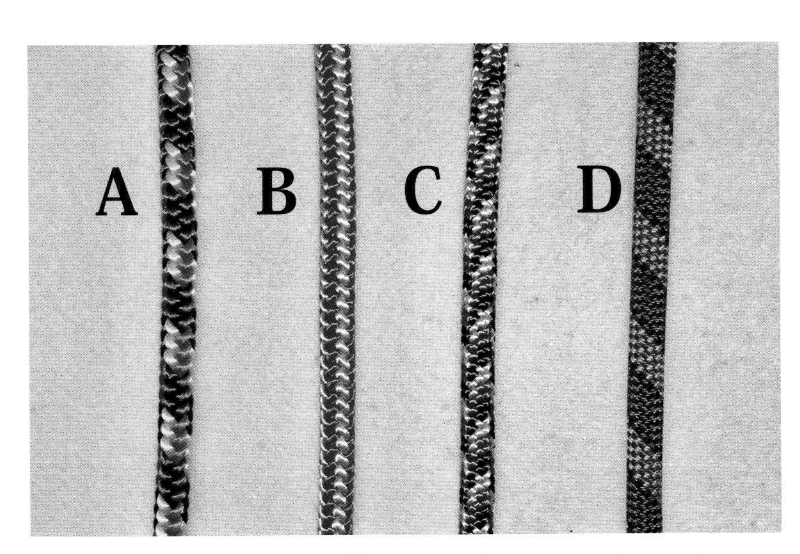

写真2-1-1　樹上作業用ツリークライミングロープ

A.　12ストランドロープ
B.　16ストランドロープ
C.　24ストランドロープ
D.　カーンマントルロープ

・カーンマントルロープ

芯（カーン）と外皮（マントル）からなる構造のロープで、主にロープの強度は芯にあり、外皮が芯を保護する形状となっています。ツリーワークでは一般的に32や48ストランドロープを指すことが多いのですが、24ストランドのカーマントル構造のロープもあります。

ツリークライミングロープの特性

ロープの伸び率によって大きく３つに分けられ、伸び率が小さい順に、スタティックロープ、セミスタティックロープ、ダイナミックロープに分けられ、それぞれ特性が異なるため使用箇所によって使い分けます。

アーボリストは、一般的にツリークライミング専用ロープとして販売されているセミスタティックロープをクライミングに使用します。

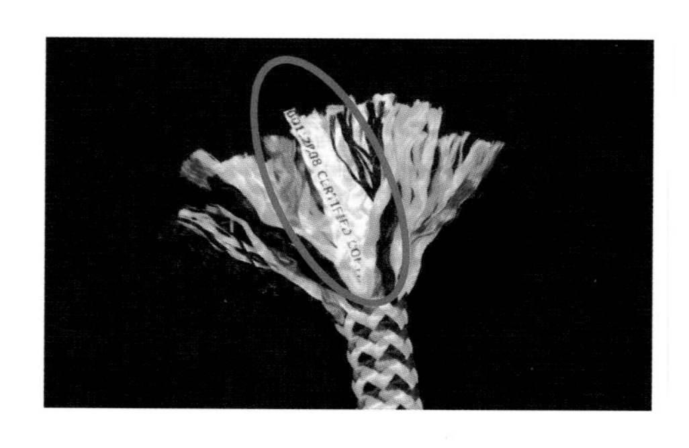

写真2-1-2
トレイサー（Tracer）と呼ばれる帯状のタグにロープに関する情報が記されている。記載内容は、製造会社によって異なるが、主に名称、製造年月日や種類、安全基準等。

2-1-2　ロープの強度、取り扱い方法

ロープの強度

メインロープ、及びライフラインにあっては、製品のアイ加工部を含めて、19.0kN以上※の引張強度が必要です。

アイ加工部は、ハンドスプライス（hand－spliced eye）と、ソウン、マシン（sewn eye、machine eye）があり使用目的によって選択します（写真2-1-3）。

使用ギアは強度や品質がレイティング（表示）されたものの使用が推奨されます。また改造は危険を伴うため厳禁です。

※普段kNといった「力」の単位は使用しないので、わかりやすくするため、Kgやｔといった「質量」に発生する重力で見てみます。重力加速度を10ｍ/s^2とすると19.0kN（19,000N）は質量1.9ｔ（1,900kg）の物体に発生する重力となります。

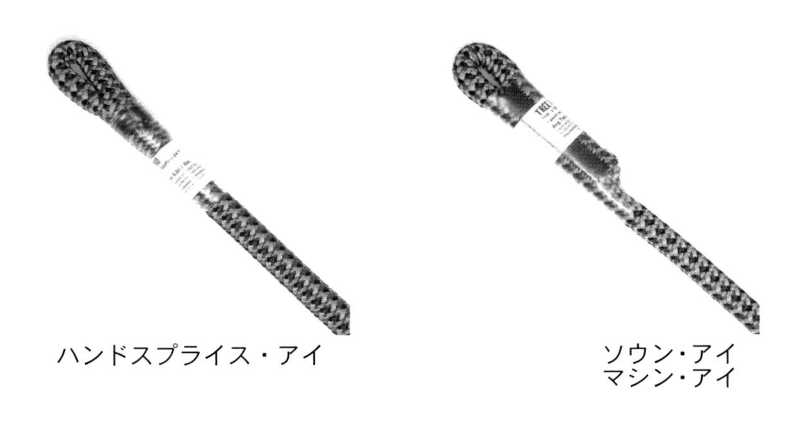

写真2-1-3　ロープのアイ加工部

使用上の注意

強度があるロープであっても、過度の衝撃や摩擦によって著しく強度低下を招き、最悪の場合は破断や墜落といった重大事故に繋がります。特に樹上でのハサミやノコギリ、チェーンソーの使用には十分注意が必要です。

また使用目的に応じてロープの種類が異なることがあるため、メーカーの使用条件や指示に従って使用します。

2-1-3　主なギア（器具）類

以下に掲載される各ギア類は紹介のためのものであり、メーカーの使用条件や指示に従って使用する必要があります。また、ギアは、クライミングに使用するギアと枝等の吊り降ろしに使用するギアに分けて使用します。

加えて、クライミングに使用するギアは、命に影響するギアと命に影響しないギアに分けて使用します。使用ギアは、強度や品質がレイティング（表示）されたものが推奨されます。また改造は危険を伴うため厳禁です。

【緊結具】

緊結具はロープの支持物等への取り付け等で使用するギア類を指します。

①カラビナ

・カラビナは11.5kN（キロニュートン）以上の引張強度があること。

・３つ以上の連続した操作をしない限り外れない、外れ止め装置を備えていること。

・いかなる場合にも、外れ止め装置がカラビナにかかる力の作用中心線上にないこと。

・表面は平滑であること。

形状により大きく分けて、オーバル型、D（変D含む）型、HMS型があり、緊結するものの幅等によって使用方法が異なります。

材質は大きく分けて、アルミとスチールがあり耐衝撃性や破断強度の違いから使用方法に注意が必要です。一般的にカラビナ同士の緊結は行いません。

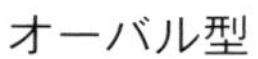

オーバル型

変D型

HMS型

写真2-1-4　カラビナの形状

ゲートにはロック機能の有無により、ノンロックとロックと呼ばれるものがあり、ロック機能には主に、スクリューロックとオートロック（セミオートロック含む）があります。オートロックには主に、ツイストロック、ダブルアクションシングルロック、トリプルアクションダブルロック、４アクショントリプルロックがあります。ツリーワークではダブルロック（３アクション２ロック）以上を推奨します。

ノーズの種類は大きく分けて、キータイプとノッチタイプがあります（写真2-1-5）。ロープの素線の引き出しのリスクが少ないキータイプを推奨します。

キータイプ

ノッチタイプ

写真2-1-5　カラビナのノーズ形状

どのカラビナであっても、メジャーアクシスとしての使用が必要です（マイナーアクシスとならないよう使用する）。また、曲げ荷重には弱いため、曲げ荷重が掛からないセッティングにも注意が必要です。

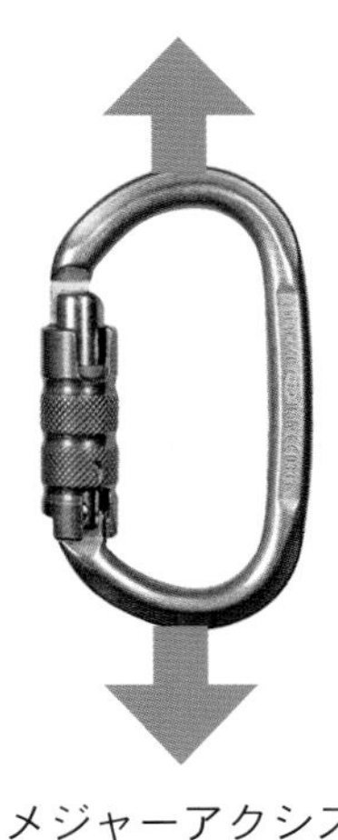
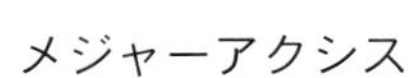
メジャーアクシス

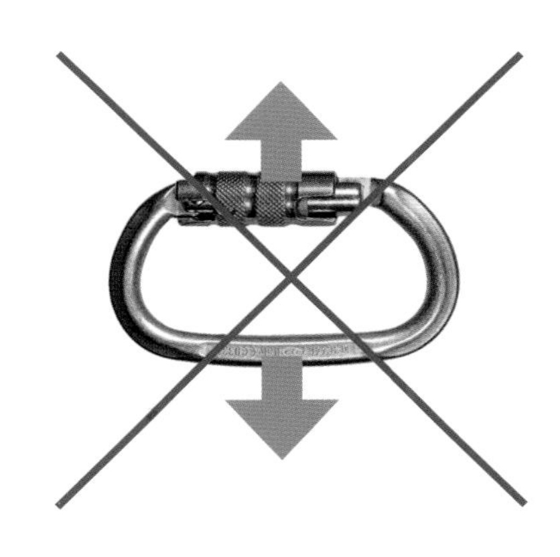
マイナーアクシス

写真2-1-6　メジャーアクシスとして使用する（マイナーアクシスは不可）

②スナップ

主にポジショニングランヤードに使用します。ロックの種類は大きく分けてワンロックとツーロックで、材質はアルミとスチールがあります。一般的にスナップ同士の緊結は行いません。

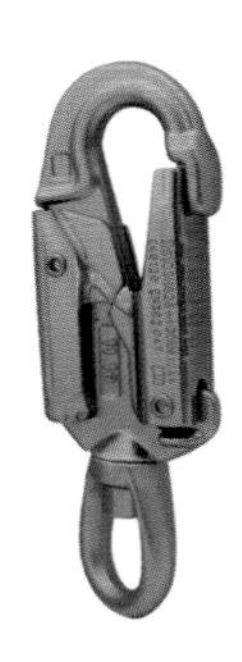

材質：スチール
ロックの種類：１ロック、
２アクション

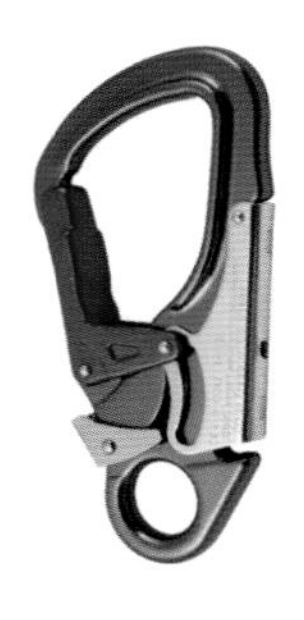

材質：アルミ
ロックの種類：２ロック、
３アクション

写真2-1-7　スナップの種類

③スリング

ロープ高所作業で使用するスリングは、15.0kN（キロニュートン）以上の引張強度が必要です。また、クライミングとリギングに使用されるスリングは区別して使用します。

形状には、大きく分けてループ状のもの（ループスリング）、両サイドがアイ状のもの（アイトゥーアイスリング）等があります（写真2-1-8）。

長さも各種あり、強度もあり、軽量で使途が多いため、ツリーワークでは大変有用なギアの１つになっています。

ループスリング

アイトゥーアイスリング

写真2-1-8　スリングの形状

注意：使用方法等の詳細はメーカーや販売店に確認が必要。

使用方法（ノットの種類や使用方向）によって強度が増減するため注意が必要です。また、化学繊維であるため摩擦や熱、化学物質には弱く、縫製部分も含め慎重なギアチェックが重要となります。

④フリクションセーバー類

摩擦が生じる木の股部分（タイイン箇所）にリングセーバーやロープセーバーやロープ保護カバー等の摩擦を軽減するギアの設置が必要です。

セーバー類の設置は、ロープと樹木の摩擦の軽減に加え樹木の樹皮の損傷も軽減することができるといった効果もあります。

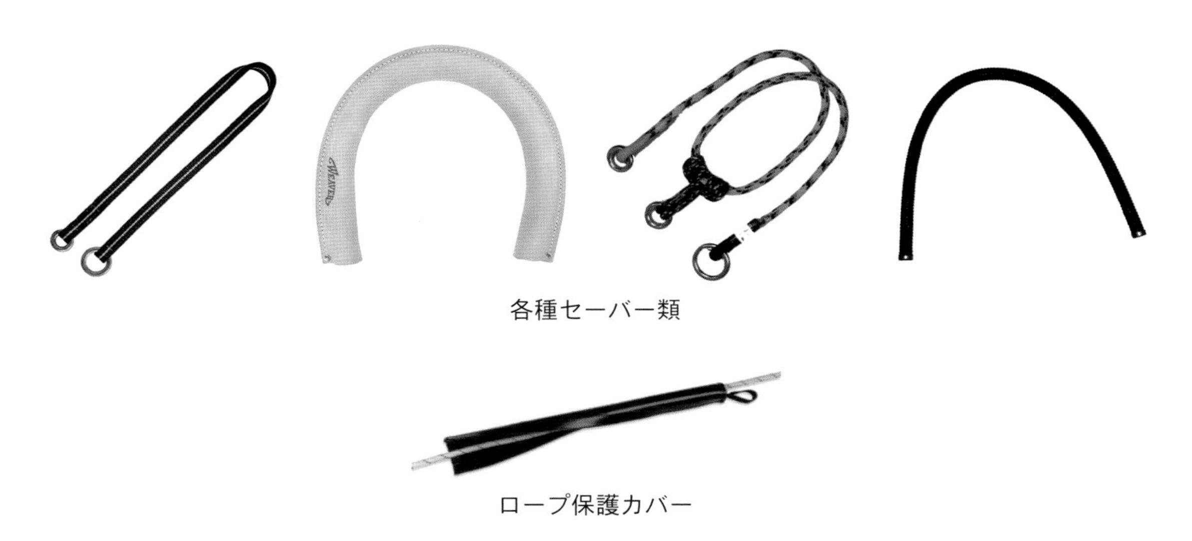

各種セーバー類

ロープ保護カバー

写真2-1-9　フリクションセーバー類

注意：使用方法等の詳細はメーカーや販売店に確認が必要。

写真2-1-10　各種フリクションセーバー

A：ナチュラルクロッチ
B：レザーセーバー
C：ハウススリーブ
D：リングセーバー
E：ロープセーバー

写真2-1-10のDとEは自然の木の股がない場合、幹にアンカーポイントを作り、自然の木の股の代わりとして使用することができるため、フォルスクロッチ（False Crotch）と呼ばれます。付属品を取り付けるとリングセーバーの長さ調整ができるので、木の形状に合わせたセッティングが可能です。

⑤スクリューリンクス

ロープ高所作業で使用するスクリューリンクスは、11.5kN以上の引張強度が必要です。

コネクターとして使用し､かつ頻繁に開け閉めしないような場所で使用します。ゲートは確実に締めて使用します。レンチによる開閉ができる点が、スクリューロックのカラビナとの違いです。

形状は、ペア型、デルタ型（写真2-1-11）、オーバル型、D型等があり、ツリーワークで使用する場合の材質はスチールが一般的です。

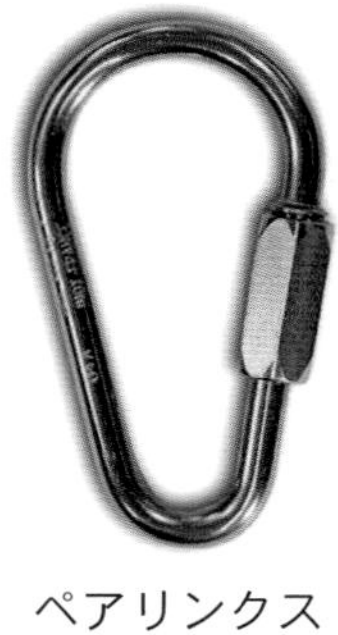

ペアリンクス

デルタリンクス

写真2-1-11　スクリューリンクス（ペア型とデルタ型）
注意：使用方法等の詳細はメーカーや販売店に確認が必要。

【接続器具】

接続器具はロープとの摩擦を利用して、ロープを昇降するためのギアで、メインロープに接続して使用します。また使用するギアは使用するメインロープに適合したものを使用します。

①ディッセンダー（降下器）、アッセンダー（登高器）、バックアップデバイス（墜落阻止器具）

接続器具とは、ディッセンダー（降下器）やアッセンダー（登高器）、バックアップデバイス（墜落阻止器具）等のことで、機械的にロープを挟み込んで使用するギアを指しています。

ディッセンダー（降下器）については、11.5kN（キロニュートン）※の引張荷重をかけた場合において、メインロープの損傷等により保持機能を失わない必要があり、セルフブレーキや、パニックブレーキが付いたもの、レスキューにも使用できるような耐荷重の大きいものがあります。いずれの場合も適合するロープの種類や径等の確認が必要です。

アッセンダーの使用時には、アッセンダーのツメ部分でロープが損傷するため注意が必要です。そのためロープの損傷を小さくする歯形状（「コーンティース」と呼ばれる）のアッセンダーもあります。

※53頁「バックアップデバイス（墜落阻止器具）」、写真2-1-16参照

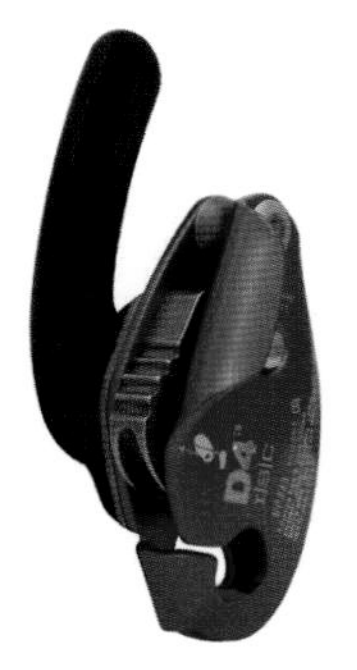

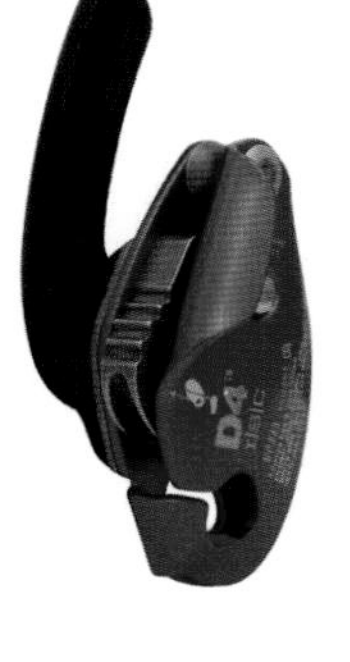

ディッセンダー

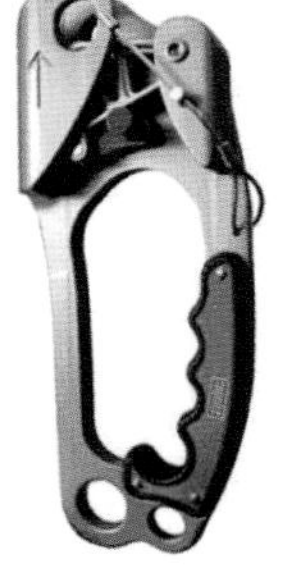

ハンドアッセンダー

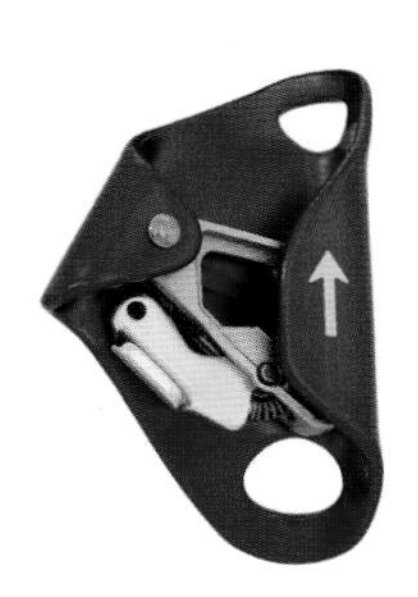

チェストアッセンダー

フットアッセンダー

写真2-1-12　ディッセンダー（降下器）とアッセンダー（登高器）の形状

注意：使用方法等の詳細はメーカーや販売店に確認が必要。

②フリクションコード

アイトゥアイプルージック（ロープの両末端がアイになったもの）やスプリットテイル（ロープの片方の末端がアイになったもの）、エンドレスループ（ロープの輪）、リングプルージック（リングが付随したもの）等があります。

ツリーワークではフリクションコードによって、Blake's Hitch（ブレイクスヒッチ）やDistel Hitch（ディステルヒッチ）、Schwabisch（シュヴァビッシュ）、Prusik Hitch（プルージックヒッチ）※等のノットを使い分け、ロープとロープの摩擦を制御します。

※62頁「3-1-2　ロープワーク」参照

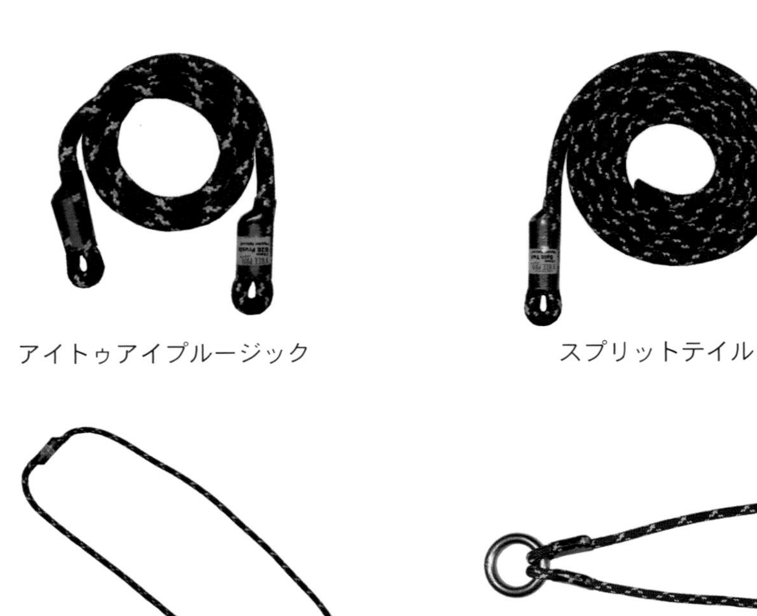

写真2-1-13　フリクションコードの種類
注意：使用方法等の詳細はメーカーや販売店に確認が必要。

③エイト環

ビレイ（確保）やラペリング（ロープで降下するスポーツ）で使用される器具。ツリーワークでは、ビレイ等で使用しますが、単体では使用せず、フリクションヒッチのバックアップとして使用することが多くあります。

形状や、使用するロープ径等、様々な種類があるので、使用方法の確認が必要です。

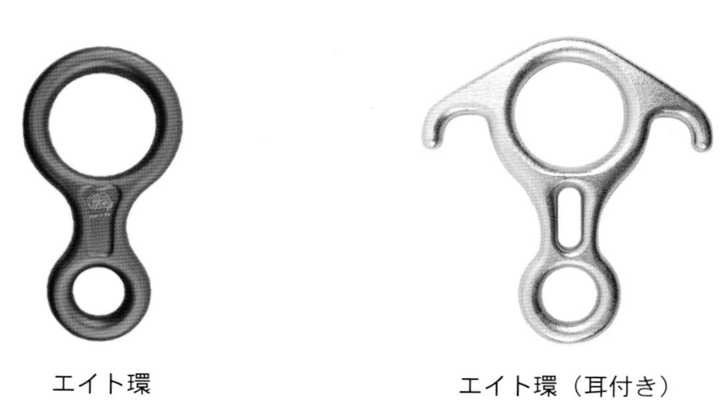

エイト環　　エイト環（耳付き）

写真2-1-14　エイト環の形状

ポジショニングランヤード

アーボリストサドルや墜落制止用器具の両サイドに付いたD環に付けて使用するギアで、樹上では移動以外の作業時に必ず取り付けます。

ポジショニングランヤードは墜落防止としての機能はもちろん、長さの調節により安定したポジショニングの確保、加えて振り戻され（スイングバック）の防止等の用途でも使用できます。使用目的によってポジショニングランヤード、レスキューランヤード、クライミングランヤード等用途に応じた呼び方をすることがあります。

一般的に長さの調節は、ロープグラブ等のメカニカルギアと、フリクションコード等とロープのフリクションを利用したものがあります。アーボリストがよく利用するのは、フリクションコード等とロープのフリクションを利用したポジショニングランヤードで、作業中や労働災害時、ポジショニングランヤードに体重の掛かった際に長さ調整が容易だからです。但し、樹脂が多い木に使用すると、フリクションが効き過ぎる短所もあるため、作業に合ったギアを選択する必要があります。

材質としては、芯にワイヤーの入ったワイヤコア（Wire Core）ポジショニングランヤードもあり、樹上での刃物を使用する時に使われます。但し、レスキューの際、ポジショニングランヤードが刃物では切断できないため、カットアウェイストラップ（Cut Away Strap）と呼ばれる短いスリングを取り付けて使用することがあります。

形状によってポジショニングランヤードの端も使用するダブルポジショニングランヤードや、巻取り式ランヤード等があります。

墜落時、落下距離が大きくなれば衝撃荷重も当然大きくなります。そのためポジショニングランヤードは設置して地上への墜落は免れても身体は大きなダメージを受けることとなります。ポジショニングランヤードの設置は腰より高い位置の枝や幹に取り付け、長さを短く調整して墜落距離を小さくすると同時に、ずり落ちない工夫が必要です。

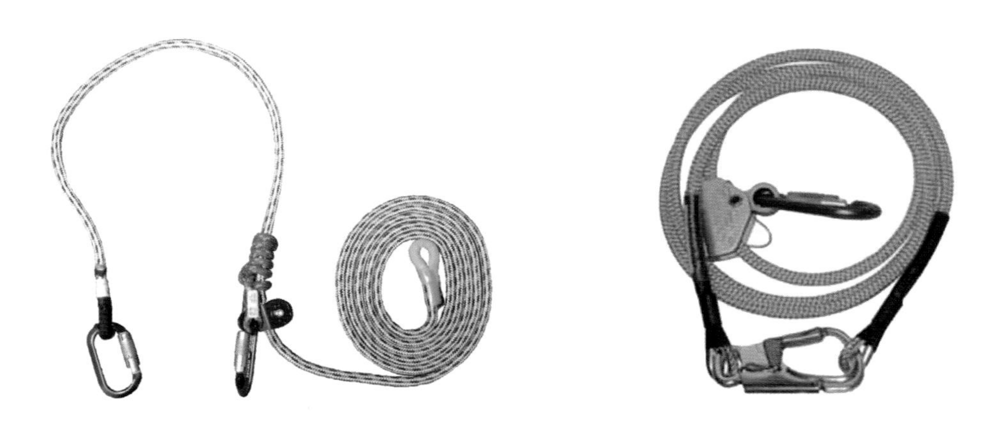

写真2-1-15　ポジショニングランヤードの形状

バックアップデバイス（墜落阻止器具）

バックアップデバイスは、ライフラインに取り付けて、墜落制止用器具と連結して使用するギアで、メインロープの切断時にライフラインに取り付けられたバックアップデバイスによって身体を保持する機能をもちます。墜落による衝撃は身体に大きなダメージを与える可能性があります。

写真2-1-16　バックアップデバイス

そのため、バックアップデバイスの使用については、ショックアブソーバの使用の有無も含めメーカーの使用条件や指示に従って使用する必要があります。ショックアブソーバ（緩衝器具）が有効に働く体重の確認も大切です。

ショックアブソーバには、第一種※と第二種※があり、第一種ショックアブソーバは自由落下距離1.8mで墜落を制止した際の衝撃荷重が4.0kN以下であるものをいい、第二種ショックアブソーバは自由落下距離4.0mで墜落を制止した際の衝撃荷重が6.0kN以下であるものをいいます。加えて、ISOでは、6.0kN以下となっています。

※第一種：腰よりも上の、概ね85cmより上方へ掛けることが可能の場合に使用。
　第二種：腰よりも下の、概ね85cmより下方へ掛ける場合に使用。

2-2　メインロープ等の点検と整備の方法

記録が必要（安衛則第539条の９）

作業を開始する前に、ギアの状態について点検し、異常を認められた場合は直ちに補修または取り替える必要があります。

たとえ使用しないで保管していても、日々全てのギアの強度は低下していることを認識し、かつ安全に使用するためには日々の器具の点検（ギアインスペクション）とメンテナンスが必須です。

ツリーワークで使用するギアは、一般的にソフトマテリアル（soft material ）とハードマテリアル（hard material）に区分し、特に注意すべき保守点検に関するポイントは以下のとおりです。

ソフトマテリアル（soft material）

ロープ、スリング、サドル、ポジショニングランヤード等の化学繊維のギア類で、紫外線、酸、アルカリ、汚れ、ガソリン、ほつれ、溶け、変形、使用時大きな衝撃荷重や損傷を受けていないか注意して点検保管を行います。洗浄は専用洗剤か中性洗剤で、もしくはぬるま湯に浸して指でもみほぐすように行います。

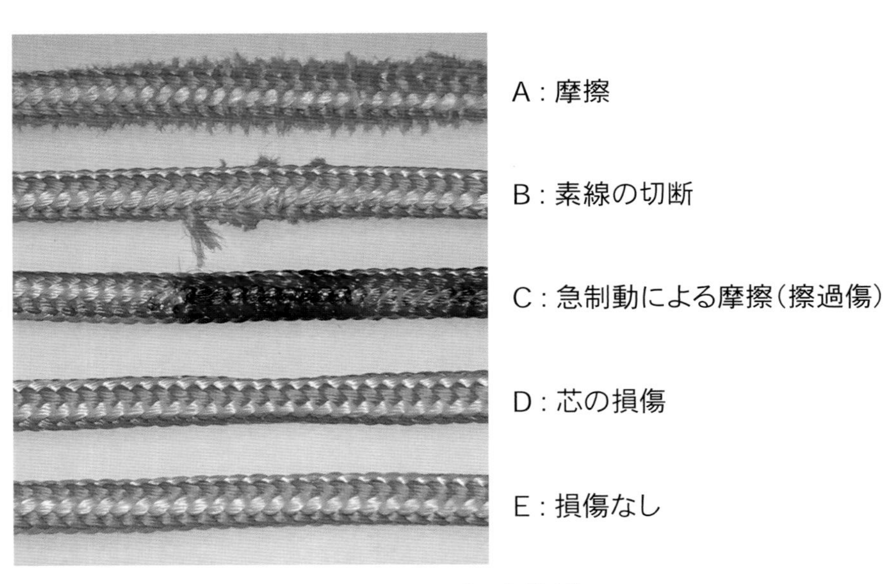

写真 2-2-1　ツリークライミングロープの点検例

ハードマテリアル（hard material）

カラビナ、プーリー、リング等のギア類で、サビ、傷、使用時落下等による衝撃を受けていないか等に注意して点検保管を行います。注油に関しては、ソフトマテリアルと接触する可能性があるため、ロープを始めとするソフトマテリアルにダメージを与えない成分のもので行います。また、ハードマテリアルは大きく、アルミニウムとスチールに区分し、使用目的に応じて使い分けます。

個人用保護具PPE（Personal Protective Equipment）の点検

ツリーワークの場合、PPEには保護帽、保護メガネ、グローブ、ツリークライミングに適した服装、ブーツ、仕事によってはチェーンソーパンツ、イヤマフ、チェーンソーブーツ、アームカバー、防振手袋等が含まれます。それぞれ要求される安全性能を保持しているかチェックする必要があります。また、必ず自分の身体に合ったものを着用する必要があります。加えて、保護帽にはホイッスルを装着する等、個人用保護具と緊急用装備品の両方を着用・装着若しくは携帯することで、より安全な作業環境づくりに役立ちます。

写真2-2-2　PPEの例

保管

各ギアの保管場所を定めて管理します。破棄するギア類とは別の保管場所を定める等して、混在による誤使用防止に注意します。

・ほこりや小動物の接触を避けるためのロープバッグの使用
・直射日光が当たらず温度変化が少ない場所
・乾燥した、涼しい場所
・ストーブ等の火気類から離れた場所
・酸やアルカリや揮発油の化学物質から離れた場所
・屈曲して大きな力がかからない場所

耐用年数、交換時期

耐用年数と交換時期については、その使用頻度や使用状況、保管状況等によって大きく変わるため交換時期を一概には明示しにくいものです。使用頻度が少なく見た目に損傷がなくても、大きな衝撃を受けたギアや紫外線劣化が疑われるギアは交換が必要です。したがって、使用履歴が明確でない中古ギアの使用は避けましょう。

日常のギアチェックは、作業を開始する前に人の目と指先による感触、音等で行います。作業員個々の経験と技量の差によって使用に適するのか、注意が必要か、破棄なのか、判断が変わるため、複数人で点検して、ヒューマンエラーの発生を防ぎます。新規または経験の浅い作業員にとっては、各ギアチェックのポイントを学ぶ大切な機会となります。あらかじめ保管場所及び保管方法、破棄・交換の社内基準等を定めておくことが大切です。

ISAの許可を得て掲載

破棄

社内基準により破棄することとなったギア類は、再使用できないように破損させた後に廃棄します。これは使用履歴や損傷の有無を認識できない人の誤使用による事故を未然に防ぐためです。

また、中古ギアも使用履歴が不明な場合が多いため、譲渡はお勧めできません。

写真2-2-3　器具点検（ギアインスペクション）

3章

労働災害の防止に関する知識

3-1　墜落による労働災害防止のための措置
3-2　墜落制止用器具、保護帽の使用方法と
　　　保守点検の方法

この章の目的

ここではツリーワークにおける労働災害防止のために知っておくべき基本事項を紹介します。

ツリーワークが大変危険な作業と言われるのは、高所という危険はもちろん、樹種や樹勢によって強度が違い、足場となる幹や枝の樹皮の形状、病害虫や腐朽といった樹木に潜む危険、また生育場所によっては樹幹の傾斜や建物、通路、電線、表土の厚さ等土壌環境、風向き、及び天候に至るまであらゆるものが関係して複合的な危険要因状況下での作業となるためです。それに加え、刃物を使用する作業もあるため大変リスクが高い作業と言えます。

したがってツリーワークでは多くの見識（樹木診断や、ギアの強度や使用方法、コミュニケーション能力等）と共に、潜在的な危険を見抜き、それを防ぐための作業手順、使用するギアの種類や数量の理解、作業箇所のゾーニング等の作業計画能力が求められます。

そのため海外ではANSI（米国家規格協会／American National Standards Institute）やCE（EU 加盟国の基準を満たすものに付けられる基準適合マーク）等の高い安全基準を設けて作業者を守っています。日本でも2016（平成28）年に労働安全衛生規則が改正され、本講習に繋がっていることはアーボリストの健康と安全にとって大きな一歩となっています。

実作業においては詳細なトレーニング※が必要な事項が多いため、トレーナーによる各種講習会を受講し、受講後には、事業者の責任において低い箇所（Low）で、ゆっくり（Slow）反復訓練を行うことが重要です。加えて「ISA Certified Tree Worker Climber Specialist®」及び「ATI Certified Jugoshi Arborist®」の取得を推奨します。

※参考　Tree Climbing Arborist® セミナー（Arborist® Training Institute主催）
基礎コース：Basic Arborist® Training (BAT) Courses (Level1~3)
実践コース：Advanced Arborist® Training (AAT) Courses (Level1~2)
レスキューコース:Tree Aerial Rescue and Safety (TARS) Courses (Level1~2)

3-1　墜落による労働災害防止のための措置

3-1-1　ロープの部分における名称

ツリーワークでのロープ高所作業において、ロープの各部分の名称を理解することが重要となります。アーボリストとグラウンドワーカーの共通した認識なしには、安全な作業環境とはなり得ません。

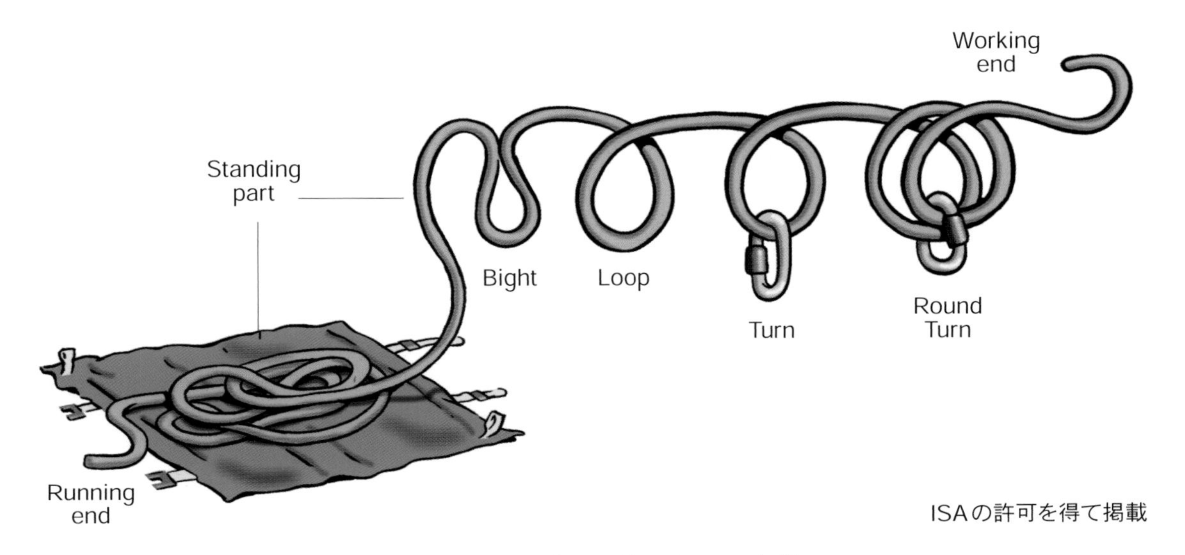

図3-1-1　ロープの部分における名称

表3-1-1　ロープの部分における名称

英語表記	呼　称	説　明
Running end	ランニングエンド	結束等で使用していないロープエンド（端）。
Working end	ワーキングエンド	結束等で使用しているロープエンド（端）。
Bight	バイト	ロープの湾曲部分。
Loop	ループ	Bight（バイト）をひねってロープを交差した輪。
Standing part	スタンディングパート	ロープの中で、ノットやその他で使用していない部分。
Turn	ターン	ある物を１回巻いた状態。
Round turn	ラウンドターン	ある物を２回巻いた状態。

3-1-2　ロープワーク

ロープの結束に関する名称は以下のとおりです。

Knot（ノット）： 結びの総称を意味する場合と、ロープ単体だけでロープワークとして成立する結び方を意味する場合がある。

Bend（ベンド）： ロープとロープを繋ぐ結び。

Hitch（ヒッチ）： ロープと物、もしくは他のロープとの結束、又は同じロープで、スタンディングパート（Standing Part）部分との結束。

ロープワークは、ツリーワークでロープを使用するアーボリストとグラウンドワーカーの必須事項です。

ロープワークは正しいか、間違っているかは極めて重要で、間違えれば事故に直結することとなります。そのため最近ではロープワークを減らすような（ノットレス）作業が推奨されています。

ノットやベンド、ヒッチは、全てがツリークライミングロープや、ライフラインに使用できるノットというわけではなく、使用目的によってノットやベンド、ヒッチを使い分ける技術と知識が必要です。

ロープワークでは、ロープの結束時にできるエンド部分（余端）は、解けるリスク軽減のために、ロープ径の６倍以上の長さを残すことが必要です。

また、ストッパーノットと呼ばれるシングルフィギアエイトノットもしくはオーバーハンドノットをロープエンド（余端）に作成し、解け防止や墜落防止に使用することもあります。

ロープワークは少なからずロープの強度を低下させるため、作成時には不均等なロープの遊びや重なり等を修正するドレスと呼ぶ作業を行い、テンションをかけて緩みがないことを確認し、ロープワークの完成とします。

ロープとカラビナ等との結束の際は、不意にカラビナ等のゲートが開いた場合、ロープが外れないようにタイトな結束となるように注意します。

以上を簡素にまとめると次のとおりです。

・ノットは正確、確実に行う。

・使用できる箇所ごとのノットの使い分けを理解する。

・ノットのエンド部分は必要に応じエンドノットを設置する。
・ノットのエンド部分（余端）はロープ径の６倍以上必要である。
・ノットはドレスを行い、緩みがないことを確認して実際使用できる状態をもって完成とする。

Bowline（ボウライン）

ISAの許可を得て掲載

Single Figure-8 Knot（シングルフィギュアエイトノット）

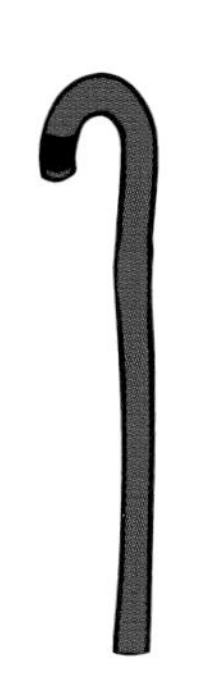

ISAの許可を得て掲載

Anchor Hitch（アンカーヒッチ）

Running Bowline（ランニングボウライン）

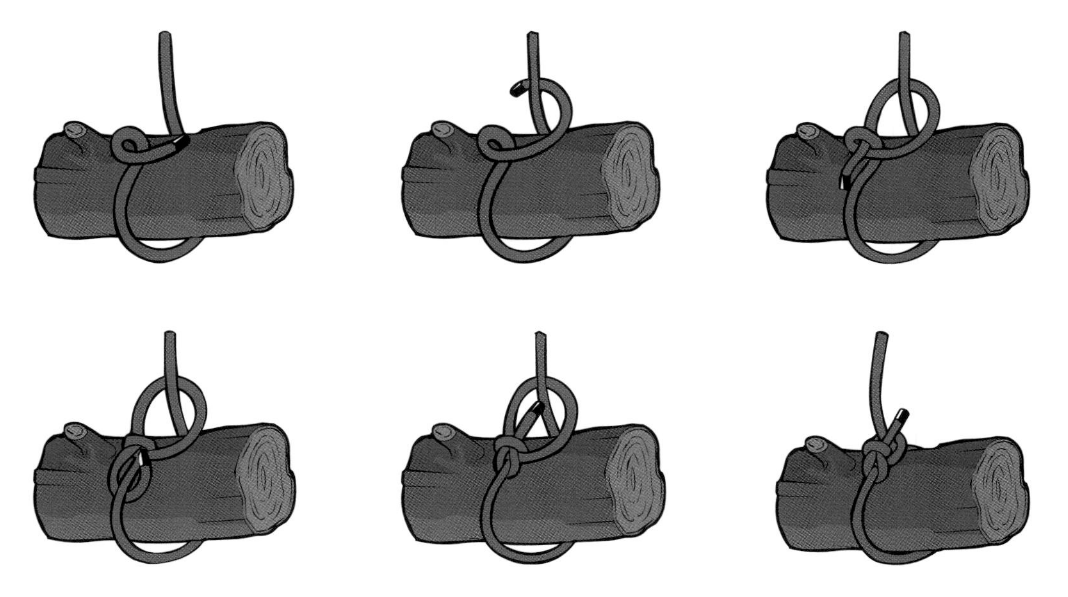

ISAの許可を得て掲載

Girth Hitch（ガースヒッチ）

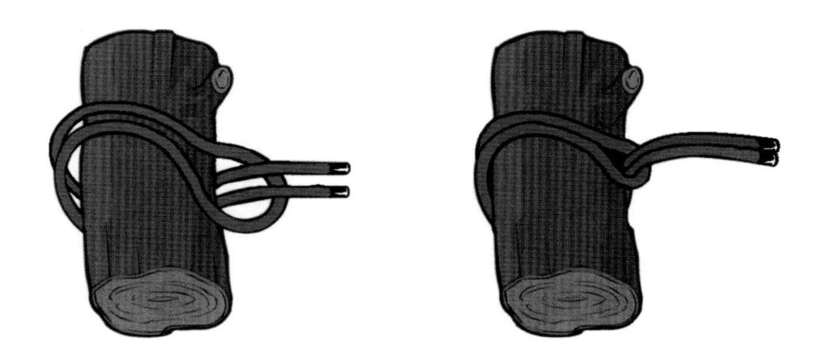

Double Figure-8 Knot（ダブルフィギュアエイトノット）

Slip Knot（スリップノット）

ISAの許可を得て掲載

Endline Clove Hitch with Two Half Hitches（エンドラインにおけるクローブヒッチと2ハーフヒッチ）

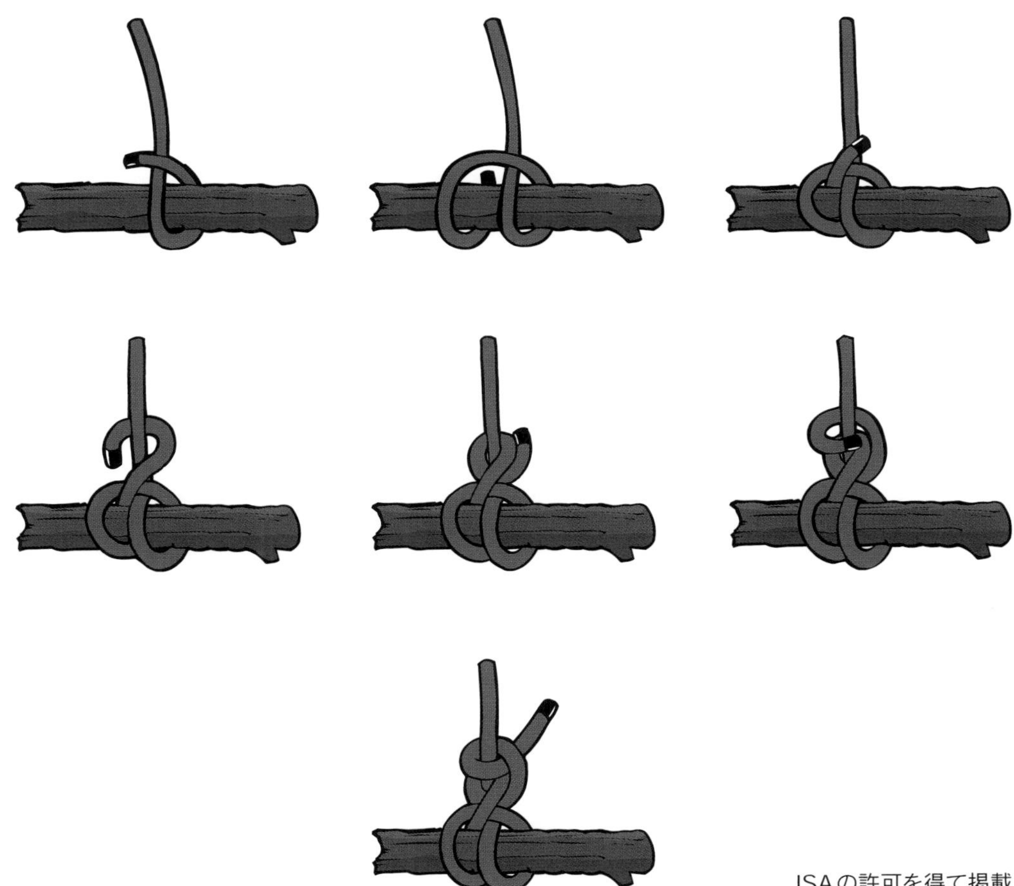

ISAの許可を得て掲載

Blake's Hitch（ブレイクスヒッチ）

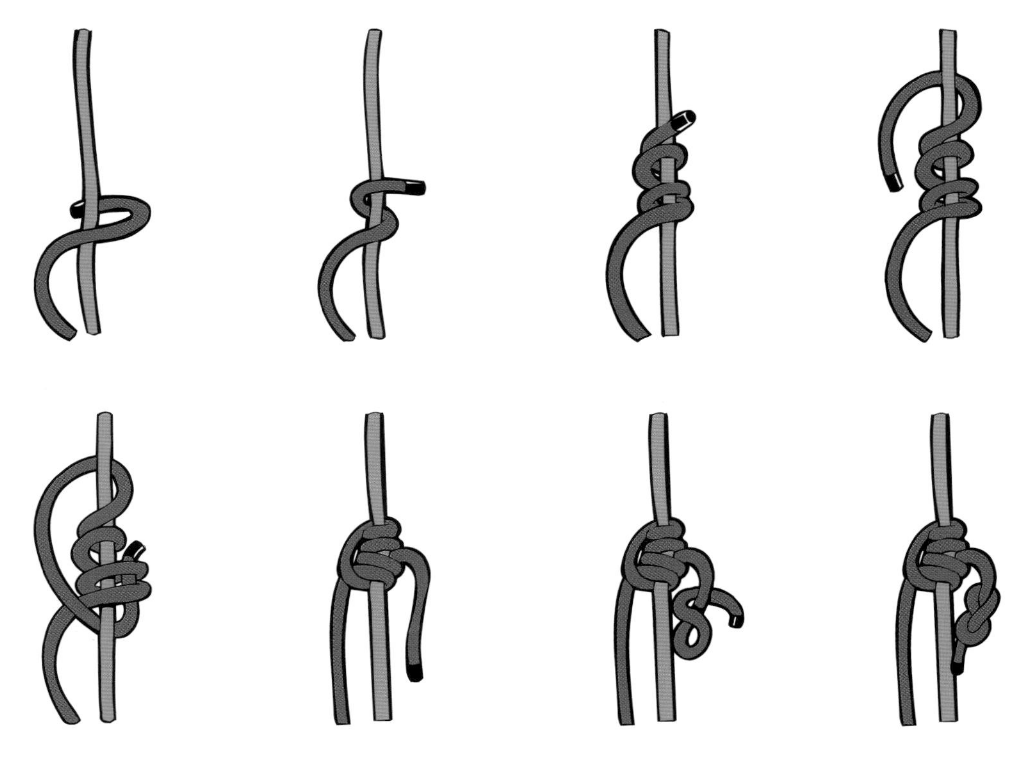

ISAの許可を得て掲載

Prusik Hitch（プルージックヒッチ）：6コイルズ

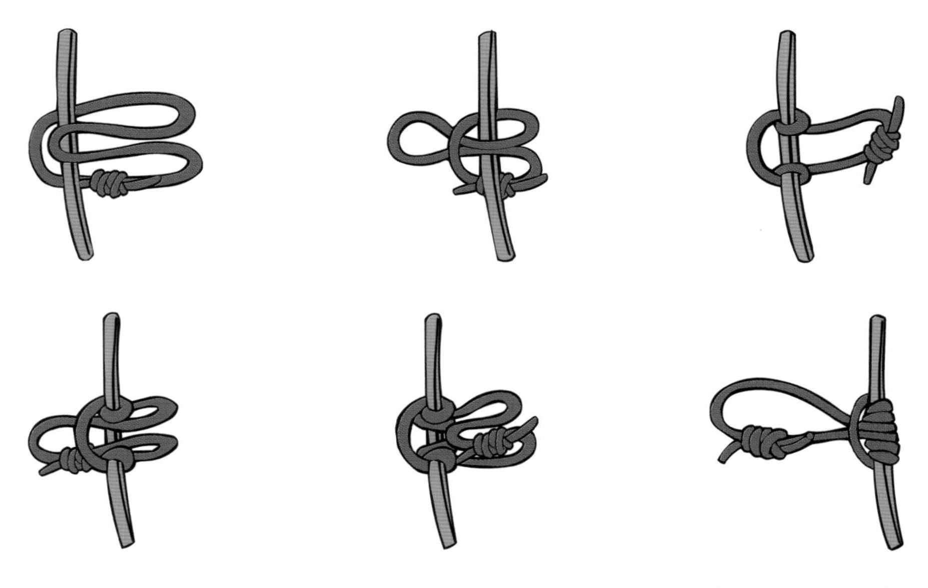

ISAの許可を得て掲載

Distel Hitch（ディステルヒッチ）

ISAの許可を得て掲載

Schwabisch（シュヴァビッシュ）

3-1-3　作業手順

ロープ高所作業を行うとき、墜落または物体の落下による労働者の危険を防止するため、あらかじめ作業を行う場所について、決められた項目を調査し、その結果を記録する必要があります。また、調査を踏まえ、ロープ高所作業を行うときは、あらかじめ、作業計画をつくり、関係労働者に周知し、作業計画に従って作業を行う必要があります。

現地事前調査、作業計画作成から終業時ミーティングまでの全体手順は次のとおりです。

A.　現地事前調査（Pre-Inspection）　　記録が必要

↓　作業指揮者の選任

B.　作業計画（Develop Work Plan）　　記録が必要

↓

C.　作業前ミーティング（Pre-Work Meeting）　　記録が必要

↓

D.　作業前点検（Tree & Site & Gear Inspection）　　記録が必要

↓

E.　ゾーニング（Zoning）

↓

F.　木へのエントリー（Entering the Tree）

↓

G.　登攀（Climbing）

各種作業
（樹木診断・治療、動植物の調査・観察、剪定、害虫駆除、支柱設置、避雷針の設置、伐採等）

ロープ取り付け（Tying in）

掛け替え　　作業指揮者等による指揮、監視、点検

（ALT、Rope Advance、Recrotching、Redirect、Double Crotching）※

↓

※上記用語は77頁参照

H.　降下（Descend）

↓

I.　ギア類の点検（Gear Inspection）・ギアの回収（Clean up）

↓

J.　清掃（Clean up）

↓

K.　立入禁止箇所の解除等（Remove）

↓

L.　終業時ミーティング（Clean up Meeting）

※赤字：労働安全衛生規則　第３節ロープ高所作業における危険の防止に記載。

A. 現地事前調査（Pre-Inspection）

記録が必要

あらかじめツリーワークを行う場所について事前調査し、記録（様式は任意）します。記録は作業終了まで保管します。

詳細は「1-9　ロープ高所作業時の実施事項」（28頁）参照。

B. 作業計画（Develop Work Plan）

記録が必要

あらかじめ現地の事前調査により作業計画書（様式は任意）を作成し、関係労働者の周知のうえで作業計画に基づき作業を行います（書式例は表3-1-3、3-1-4を参照）。

詳細は「1-9　ロープ高所作業時の実施事項」（28頁）参照。

C. 作業前ミーティング（ Pre-Work Meeting）

記録が必要

ツリーワークの開始時に作業員全員で、作業指揮者が中心となり進めます。

- 全員の体調、服装、保護具の着用等の確認。
- 作業計画に基づき、作業内容、作業方法、人員の配置、本日の作業における注意事項等の周知。
- 他の作業がある場合は、連絡調整事項の確認。
- リスクアセスメントの実施。
- 記録簿の作成。（安全チェックリスト、リスクアセスメント表、車両点検簿等の各自必要書類）

D. 作業前点検（Tree & Site & Gear Inspection）

記録が必要

作業を行う場所における状況、木の状態の調査、ギア類の点検を行います。状況の変化により事前調査の内容と異なる点や、より安全な作業方法や手順に変更する場合は、再度ミーティングにより作業員全員へ周知します（書式例は表3-1-2を参照）。

詳細は、「1-9　ロープ高所作業時の実施事項」（28頁）参照。

ISAの許可を得て掲載

図3-1-2　作業前点検

表3-1-2　点検表例（A4）

ロープによる高所作業（樹上作業）チェックシート

安全管理者	主任技術者	現場代理人

作業名　：　○○○危険枝撤去作業

期　間　：　○○ 年 ○○ 月 ○○ 日　～　○○ 年 ○○ 月 ○○ 日

会社名　：　○○○○○会社　　作業指揮者　：　○○○○○　　点検月　：　○○ 年 ○○ 月

項目	点検結果（✓良・●否・ー該当なし）点検事項	日	12	13	14	15	16	17	18	不良等があった場合、使用注意、破棄等を記録する。
		曜日	月	火	水	木	金	土	日	
		天候	曇	晴	雨	雪				
作業開始時	メインロープ	摩耗、損傷、劣化、変形、変色はないか	✔	✔	✔	✔				
		十分な長さを有しているか。エンドノットはあるか	✔	✔	✔	✔				
	緊結具（ｶﾅﾋﾞﾗ、ﾌﾘｸｼｮﾝｾｰﾊﾞｰ）	摩耗、損傷、劣化、変形、変色はないか	✔	✔	✔	✔				
		可動部分は正常に機能するか	✔	✔	✔	✔				
	墜落制止用器具	ブリッジ部分に摩耗、損傷、劣化、変形、変色はないか	✔	✔	●	✔				破棄する。交換済
		ベルト部分に損傷、劣化、変形はないか	✔	✔	✔	✔				
		金属部分に損傷、劣化、変形はないか	✔	✔	✔	✔				
	接続器具（ﾃﾞｨｯｾﾝﾀﾞｰ、ﾌﾟﾙｰｼﾞｯｸｺｰﾄﾞ）	摩耗、損傷、劣化、変形、変色はないか	✔	✔	✔	✔				
		可動部分は正常に機能するか	✔	✔	✔	✔				
	ポジショニングランヤード	摩耗、損傷、劣化、変形、変色はないか	✔	✔	✔	✔				
		可動部分は正常に機能するか	✔	✔	✔	✔				
	保護帽	帽体に損傷、変形、劣化はないか	✔	✔	✔	✔				
		衝撃吸収ライナーに損傷はないか	✔	✔	✔	✔				
		あごひもは確実に締められるか	✔	✔	✔	✔				
		墜落時保護用、飛来・落下物用、電気用であるか	✔	✔	✔	✔				
	今日の作業内容と安全指導を作業員に知らせたか		✔	✔	✔	✔				
	服装・健康状態を確認したか		✔	✔	✔	✔				
	登る木のインスペクションは行ったか		●	✔	✔	✔				
	周囲のインスペクション（特に電気関係）は行ったか		✔	✔	✔	✔				
	アンカーポイントのインスペクションは行ったか		✔	✔	✔	✔				
	ゾーニングは行ったか（ドロップゾーン、ワークゾーン、セイフティゾーン、作業通路）		✔	✔	✔	✔				
作業中	メインロープは作業箇所上方の支持物に外れないように確実に緊結されているか		✔	✔	✔	✔				
	メインロープは高所作業に従事する労働者が安全に昇降するため十分な長さを有しているか		✔	✔	✔	✔				
	メインロープが切断するおそれがある箇所では、切断を防止するための措置が行われているか		✔	✔	✔	✔				
	墜落制止用器具がメインロープに確実に取り付けられているか		✔	✔	✔	✔				
	墜落制止用器具、保護帽が確実に使用されているか		✔	✔	✔	✔				
	第三者に危害を及ぼす恐れはないか		✔	✔	✔	✔				
	作業手順書に従って作業が進められているか		✔	✔	✔	✔				
	チェンソー使用時、イヤマフ、チェンソーパンツ、チェンソーブーツ、防振手袋の着用はよいか		✔	✔	✔	✔				
	服装は適当か（反射ベスト、手袋、足袋又はクライミングブーツ、セイフティーグラス等）		✔	✔	✔	✔				
	作業周辺の立ち入り禁止措置は良いか		✔	✔	✔	✔				
	照度の保持（150ルクス以上が望ましい）夜のアーケード軽度の明るさ	メインロープの緊結の作業を行う作業箇所	✔	✔	✔	✔				
		ロープ高所作業を行う作業箇所	✔	✔	✔	✔				
		ロープ高所作業を行っている下方のドロップゾーン	✔	✔	✔	✔				
作業終了後	整理・整頓・後片付けは良いか		✔	✔	✔	✔				
	使用した道具に損傷はないか。持込時と同数量の道具があるか		✔	✔	✔	✔				
	作業場所・詰め所の火元を確認したか		✔	✔	✔	✔				
	危険場所の立ち入り禁止措置・表示・養生は良いか		✔	✔	✔	✔				
	機械・車両の駐車措置は良いか（駐車位置・車止・施錠）		✔	✔	✔	✔				
作業中止	強風（10分間の平均風速が10m／s以上）葉のあるかん木が揺れ始める		―	―	―	―				
	大雨（１回の降雨量が50mm以上）		―	―	―	―				
	大雪（１回の積雪量が25cm以上）		―	―	―	●				午後から作業中止
	雷が鳴り始めた時の樹上作業		―	―	―	―				
人員	必要人員は確保できているか		✔	✔	✔	✔				
	樹上作業者は【ロープ高所作業に係る業務特別教育】を修了しているか		✔	✔	✔	✔				
	作業員は健康保険・社会保険・雇用保険に加入しているか		✔	✔	✔	✔				
反省と予防	一週間の反省（ﾋﾔﾘ・ﾊｯﾄ等があったら記入して下さい）・次週予想される災害と予防									

表3-1-3　作業計画書例（A３左側）

ロープによる高所作業(樹上作業)計画書

作業所確認		
安全管理者	主任技術者	現場代理人

作業名　○○○○○危険枝撤去作業

会社名　○○○○○会社　　作業指揮者　○○○○○

作業計画日時	○○　年　○○ 月　○○ 日
作業日時	○○　年　○○ 月　○○ 日　～　○○ 月　○○ 日
配置人数	計　5　人　※当計画書に従い安全に注意して作業します

署名	1	2	3	4	署名	1	2	3	4	署名	1	2	3	4
○○○○○	✔	✔	✔	✔	○○○	✔	✔							
○○○○	✔	✔	✔		○○○○	✔	✔							
○○○○○	✔	✔												

資格:1　ロープ高所作業に係る業務特別教育修了者。
資格:2　救急救命講習修了者。
資格:3　国際資格、ツリーワーカースペシャリスト資格保持者。
資格:4　ツリーエアリアルレスキュー講習修了者。

支持物の位置(アンカーポイント)、状態

樹木点検によって、健全で堅固な木の股を選択する。作業によってアンカーポイントは移動(リクロッチ)したり、折り返し(リディレクト)たり、2つに増やしたり(ダブルクロッチ)するがその都度点検を行い、アンカーポイントの安全性を確認する。

ロープ等の種類と強度

器具	種類	強度
ロープ	種類 ☑16ストランド	強度 ☑19.0kN以上必要
	種類 □24ストランド	強度 □19.0kN以上必要
	種類 □カーンマントル	強度 □19.0kN以上必要
カラビナ	種類 ☑変D型、オーバル形、HMS形、2ロック以上	強度 ☑11.5kN以上必要
スリング	種類 ☑テープスリング	強度 ☑15.0kN以上必要
墜落制止用器具	種類 ☑樹上作業用墜落制止用器具	強度 ☑19.0kN以上必要
ディッセンダー	種類 ☑D4、AB	強度 ☑11.5kN以上必要

※使用する器具については十分な強度を有し、著しい損傷、摩耗、変形又は腐植がない物を使用する。

ロープの長さ

樹高　20　メートル
木へのエントリー方法 □①ハシゴ、脚立　□②ダブルポジショニングランヤード　□③スパイク　☑④MRS、SRS
必要ロープ長さ　60　メートル以上

切断の危険箇所の措置

危険個所　アンカーポイント(木の股とロープ)の摩擦　　対策　フリクションセーバー等の養生器具の設置
危険個所　幹、枝、ワイヤー支柱等との摩擦　　対策　掛け替え等で摩擦の回避

ロープの指示物へ緊結作業する労働者の墜落防止策

樹上でのメインロープの掛け替え(ロープアドバンス、リクロッチ、リダイレクト、ダブルクロッチ、トランバース等)の際、ポジショニングランヤード(ライフライン)がずり落ちる可能性のある場所においては、墜落防止のためのメインロープに代わるバックアップを墜落制止用器具に装着する。

物体の落下による労働者の危険防止措置

作業箇所のゾーニングを行い、セイフティゾーン、ワークゾーン、ドロップゾーンを設定してツリーワーカー、グラウンドワーカー共に周知し、ドロップゾーンは明示する。集積作業はワークゾーンで行い、枝や幹の落下時にはセイフティゾーンに退避する。

枝、幹の落下による危険の防止(3m以上の高所からの投下では監視人を配置する。)
ツリーワーカとグラウンドワーカーとのコマンド＆レスポンスを行う。
枝、幹はコントロールして落下する。方法は以下の1、2とする。
1 手で枝・幹を保持しドロップゾーンに投げ下ろす。(ハンドトス)手でコントロールできる軽い物の場合。
2 吊り降ろし用ロープを枝や幹に結束してドロップゾーンに下ろす。重量物や、枝や幹の移動が必要な時使用する。吊り降ろし用ロープはメインロープ、ライフラインとの併用は禁止。

コマンド	レスポンス	使用例
スタンドクリアー	オールクリア	枝の切断前
ヘデック	【退避】	緊急に物体落下
インドロップゾーン	OK	ドロップゾーンへの立入り

ロープ高所作業中の立入禁止措置
第3者の立入禁止区域の設定、看板設置(必要に応じて誘導員の配置)

ロープ高所作業中の用具の落下防止措置
用具にセーフティーコードを接続する。常時接続が困難なブロック等の場合は設置・取外し時に落下防止措置のセーフティーコード等を接続した後設置、取り外しを行う。

災害発生時の応急処置

現場状況確認
被災者の被災状況の確認(救急隊員到着まで継続)
救急車(119)要請、AEDの要請
↓
被災者の救助
被災原因把握、二次災害防止処置。
被災者を樹上から地上への降下作業。
応急手当。(消防署からの指示に従いながら行う。)
救急隊員への被災者の引渡し。
↓
関係先へ連絡
被災者家族・会社・関係機関への連絡。
↓
現場の保存
現場検証や事故原因の特定のため、現場を保存する。

緊急連絡先

名称	連絡先	電話番号
病院	○○病院	12-3456
発注者	△△市役所	12-3457
警察署	◎◎警察署	12-3458
労働基準監督署	◇◇監督署	12-3459
電力会社	□□電力	12-3460
施工者	✖✖特殊伐採	12-3461

病院までの経路と所要時間

現　場	路　線	病院
○○市○○町	～　国道△△号線	
	～　県道○○号線	
	～　市道○○号線	○○病院
	～	
	～	
	(所要時間)	◇◇分

表3-1-4　作業計画書例（A３右側）

作業手順

1	作業前ミーティング	開始時全員参加。選任された作業指揮者が中心となり行う。作業計画書の周知。体調、服装、保護具の確認。記録簿作成等。
2	作業前点検	場所及び木、使用するギアの点検。計画と相違がある場合は、再計画し、全員周知。
3	立入禁止処置	第三者の災害防止処置。立ち入り禁止区域内のゾーニング実施による作業箇所（ドロップ、ワーク、セイフティー）の区画化。
4	木にエントリー	□①ハシゴ、脚立　□②ダブルポジショニングランヤード　□③スパイク　☑④MRS、SRS
5	ロープ取付け・掛け替え	ロープの掛け替えによって作業を行う。ロープ掛け替えの際は、木の股等の点検を必ず行う。
6	降　下	降下前にロープの長さが足りるか、降下箇所の安全を確認する。
7	ギア類の点検	ギア類の片づけの際、数量や損傷の有無等の確認を行う。損傷がある場合は作業指揮者に指示を受ける。
8	清　掃	清掃を行う。同時にギア類等の忘れ物がないか、危険物がないかの点検も同時に行う。
9	立入禁止処理の解除	立入禁止処置内に危険がなくなったことを確認後、立入禁止処置を解除する。
10	終業時ミーティング	開始時全員参加。選任された作業指揮者が中心となり行う。作業員の体調、ケガの有無の確認。記録簿作成等。

作業箇所及び作業の方法

記録事項	1　作業箇所及び下方の状況 ☑ 作業箇所（　道路側面擁壁上　）☑ 下方の状況　（　フェンスおよび車道　）☑ 作業内容　（　危険枝撤去　）
	2　メインロープを緊結するための指示物の位置（アンカーポイント）、状態、周囲の状況 ☑ 位置（　作業箇所に近い樹冠のなるべく上部の木の股　）☑ 状態（　腐りや裂け等がない健全な箇所　） ☑ 周囲の状況　（　枯枝等の落下によりロープに損傷の危険がない箇所　） （　電気関係の施設がない箇所　） （　ツル性の植物がない箇所（有毒性、ツルによって支えられた構造となっている危険性のない箇所）　）
	3　作業箇所に通ずる通路の状況 ☑ 作業通路の状況　（　林道より傾斜地を15m程の箇所、通行人はなし。草地移動箇所は事前草刈りを行う。　） ☑ クライミングルートの状況（　折れ枝、かかり枝、枯枝のある箇所を回避する。　）
	4　切断のおそれのある箇所の有無並びにその位置及び状態 ☑ 有無（　有　） ☑ 位置（　ロープと木の股の摩擦　→　フリクションセーバーの設置対策　） （　幹、枝、ワーヤー支柱等とロープとの摩擦　→　タイイインポイントの掛け替えによる回避　） ☑ 状態（　落下の危険がある枯枝とロープが接触し、枝が折れるとロープに荷重がかかる事がある。　→　事前撤去　） （　ロープが枯枝等に接触して起こる枝の落下は、不意に起こるので地上作業員にも大変危険を伴う。　→　コール）
作業指揮者の実施事項	1　タイイン箇所の木の股の健全性、強度があるか。 メインロープ、ライフラインはそれぞれ異なる箇所に外れないように結束されているか。
	2　メインロープ、ライフラインの長さは昇降するのに十分の長さがあるか。 ロープエンド部分にエンドノット（抜け止め）は設置してあるか。
	3　摩擦等が生じ切断の恐れがある箇所に、フリクションを軽減する措置が取られているか。 墜落制止用器具がメインロープに確実に取付けられているか。 カラビラの使用方法が正確か。ゲートが開いていないか。 カラビナとの結束に使用しているノットは正確か。 ディッセンダーやアッセンダーの使用方法に間違いはないか。
	4　作業中に墜落制止用器具、保護帽を安全に着用しているか。

作業箇所	道路に面した擁壁上	枝張り	東6.5m西1.0m南3.0m北5.1m	対策等	作業手順3の後、腐朽箇所での幹折れ防止のためのワイヤーを傾斜反対方向に緩く設置する。
作業内容	危険枝の撤去	傾　斜	東方向（約20度）		
樹　種	コナラ	樹　勢	胴吹きえだが多く、枯枝も多く不良		
樹　高	20.0m	その他	地上2.0m箇所に長さ60cm、幅約6cmの開口部あり		
幹　周	127cm（胸高直径）	構造物	フェンス高さ3.0m、電線なし		

リダイレクト予定箇所
アンカーポイント候補
木の股の健全性
作業箇所・内容で決める
撤去枝
腐朽による開口箇所
：ドロップゾーン
：ワークゾーン
：セイフティゾーン
フェンス　H3.0m
3.0m
5.1m
落下禁止箇所
道　路
林　地
フェンス　H3.0m
蛇籠　□1.2
道路
落下禁止箇所
林　道
林　地

E. ゾーニング（Zoning）

第三者の災害を防止するためにも、作業範囲に立ち入りを禁止する旨の表示、及び立入禁止箇所への立ち入りができない処置を講じます。

立入禁止箇所とは、作業箇所のゾーニング（区画化）を行った、３カ所（ドロップゾーン（Drop Zone）、ワークゾーン（Work Zone）、セイフティゾーン（Safety Zone）の部分すべてを指します。ドロップゾーンは明示化し、危険箇所の誤認防止措置とすることを推奨します。

必要に応じて交通整理員配置や、道路使用許可等を行います。

F. 木へのエントリー（Entering the Tree）

いくつかの方法例を以下に紹介します。

①ハシゴで登る方法

Ⅰ）ハシゴを他の作業員に支えてもらう。

Ⅱ）ハシゴの上での作業は、メインロープまたはポジショニングランヤード、その両方のタイインによって身体を保持して行う。

Ⅲ）ハシゴは堅固な幹や枝に結束する。

ISAの許可を得て掲載

図3-1-3　ハシゴで登る方法

②ダブルポジショニングランヤードで登る方法

２本のポジショニングランヤードを交互に掛け直して登る方法ですが、また１本のポジショニングランヤードの端を使用したダブルポジショニングランヤードでも同様に登ることができ、総称してオルタネイト ランヤード テクニック（Alternate lanyard Technique（ALT））と呼びます。地上まで達するロープを使用しないので、労働災害時のレスキューが困難であることを認識しておくことが必要です。

③スパイクで登る方法

針状の突起の付いた器具（昇柱器）を足に装着して、ポジショニングランヤードと併用して登る方法。スパイク、スパー、ギャフ、クライマーとも呼びます。幹にキズが付くため主に伐採時に使用します。

２本のポジショニングランヤードを交互に上にかけて登る場合や、先にタインしたメインロープとポジショニングランヤードを併用する場合等があります。地上まで達するメインロープを使用しない場合は、労働災害時のレスキューが困難であることを認識しておくことが必要です。

ISAの許可を得て掲載

図3-1-4　スパイクで登る方法

④MRS、SRSを利用して、樹上に設置（Tying in）したロープによって登る方法

ロープのセッティング方法には大きく以下の４つの方法があり、状況によって使い分けます。樹上でのロープの掛け替えの際も同様に行います。

ロープセッティング方法

・スローライン（Throwline）

スローラインと呼ばれる細いヒモの先にスローバッグ（スローウェイト）と呼ばれるおもりを付けて、木の股に投げ込んで、スローラインとロープを入れ替える方法。木の股の高さ等の条件によって、スローラインの太さやスローバッグの重さ、投法を選択します。

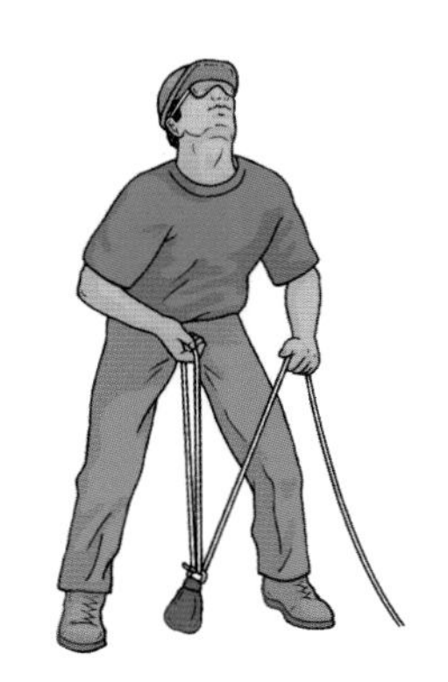

ISAの許可を得て掲載

図3-1-5　スローライン

・ラインドロッパー（Line Dropper）

作業する木の周囲に通行車両や歩行者､損傷の危険がある物や構造物があり､スローバッグを投げることができないような状況下で使用するギアです。伸縮性のポールの先にスローラインが付いたスローバッグを設置し、木の股にスローバッグを直接落とし込むことによってロープを設置します。

・スローイングノット（Throwing Knot）

ロープエンドにモンキーフィストと呼ばれるノットを作り、ノットを木の股に直接投げ込む方法です。ノットには「クローズド」と「オープン」があり、状況によって使い分けます。

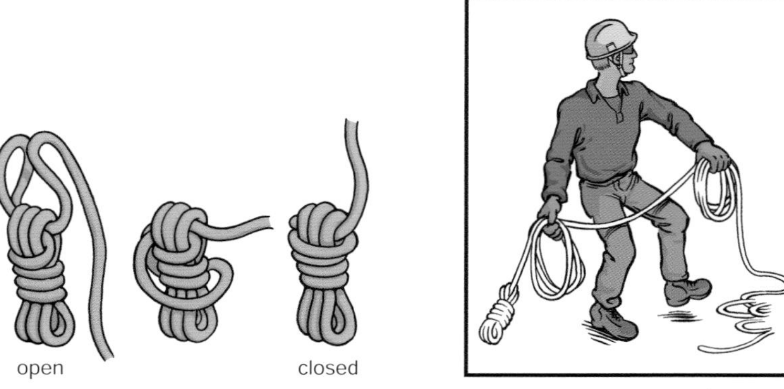

ISAの許可を得て掲載

図3-1-6　スローイングノット

・その他

ポールソー等の長い棒状の先に、モンキーフィストと呼ばれるノットを引っ掛け、木の股に落とし込む方法や、ハシゴに登って直接木の股にロープを投げ込む方法等があります。

G. 登攀（Climbing）

- ロープ取り付け（Tying in）
- 掛け替え（ALT：Alternate Lanyard Technique、Rope Advance、Re-crotching、Redirect、Double Crotching）

ロープの取り付け、掛け替え時には以下の事項を確認します。
①タイイン箇所の強度が十分であるか。
②地上に降下するのにロープの長さは足りているか。
③ロープエンドには抜け止めのエンドノットは設置しているか。
④ロープに不要な摩擦がないか。それを減ずる措置が取られているか。
⑤カラビナの使用方法に間違いはないか。ゲートのロックが確実に機能しているか。
⑥カラビナとの結束に使用しているノットは正確か。
⑦フリクションや、ディッセンダーや、アッセンダーが有効に作用するか。

ロープを木の股等に設置することをタイイン（Tying in）と呼び、タイインの繰り返しによって登攀し、ツリーワークを行います。登攀方法にはMRS（ムービングロープシステム）やSRS（ステーショナリーロープシステム）による方法があります。

タイインした場所をタイインポイントまたはアンカーポイントと呼び、アーボリストの作業位置はタイインポイントより低く、かつロープによって身体を安定した姿勢に保つ必要があります。タイインの種類には、主に以下の用語があり、どの場合もロープにテンションをかけて使用します。

・Alternate Lanyard Technique（ALT）（オルタネイト ランヤード テクニック）
　ポジショニングランヤードを交互に掛け替えることで昇降すること。
・Rope Advance（ロープアドバンス）
　より木の高い箇所にタイインすること。
・Re-crotching（リクロッチング）
　作業のポジショニングのために別の場所にタイインすること。この時、タイインする高さは関係しない。
・Redirect（リダイレクト）　次頁　写真3-1-1
　作業のポジショニングや、枝や幹の摩擦軽減のためにタイイン箇所を増やすこと。
・Double Crotching（ダブルクロッチング）
　異なる２カ所のタイインによる２本のロープによってリムウォーク時や、作業時のポジショニングの安全性向上を図ること。

・Transverse（トランスバース）

異なる２カ所のタイインから２本のロープによって身体を保持しつつ、大きく安定して移動すること。

写真3-1-1　【リダイレクト（Redirect）の例】

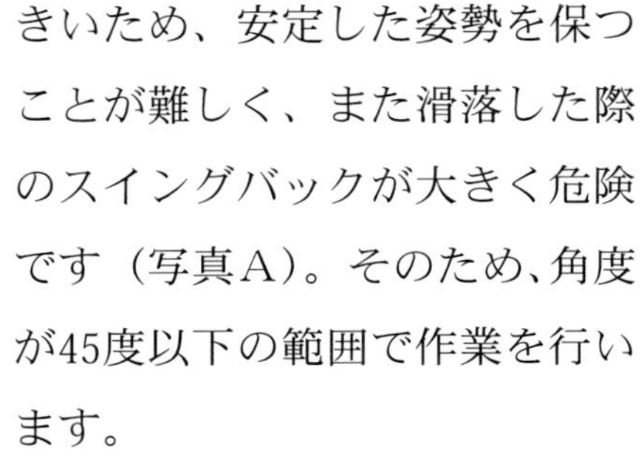

緑のメインロープの角度が大きいため、安定した姿勢を保つことが難しく、また滑落した際のスイングバックが大きく危険です（写真A）。そのため、角度が45度以下の範囲で作業を行います。

写真Ｂのようにリダイレクトによって、ロープの角度が小さくなり、安定した姿勢を保ちやすくなっています。アンカーポイントにかかる荷重を分散する効果に加え、滑落した際のスイングバックを小さくする効果もあります。

リダイレクトには、プーリーを用いる方法（写真C）と、オーバルもしくはHMS型カラビナ２つをゲートの向きが互い違いになるように取り付ける方法（写真Ｄ）があります。

H. 降下（Descend）

①ハシゴで降りる方法

ハシゴで降りる際はハシゴを他の作業員が支え、ハシゴが倒れないように支えます。メインロープやポジショニングランヤードも併用して、より安全に降下します。

②ダブルポジショニングランヤードで降りる方法

２本のポジショニングランヤードを交互に下に移動しながら降ります。

③スパイクで降りる方法

ポジショニングランヤードもしくはメインロープと併用して降ります。

④MRS、SRSで降りる方法

樹上での作業を終えて、ロープを使用して地上に降りる場合は、その前に地上に降下するためにロープの長さが足りるか確認する必要があります。使用しているクライミングシステム（MRS / SRS）により、その確認方法が異なるため注意が必要です。降下時には一方の手でフリクションの調整、もう一方の手でセルフビレイ、両手を使用します。

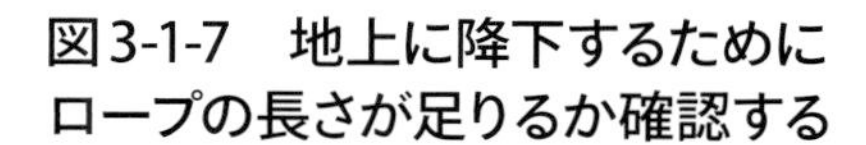

図3-1-7　地上に降下するために ロープの長さが足りるか確認する

ISAの許可を得て掲載

⑤エイト環で降りる方法

エイト環は、フロントアタッチメントのライフサポート部分に取り付け使用します。ツリーワークでは、降下時のバックアップとして使用します。降下前にロープの長さを確認することが必要です。

⑥ディッセンダーで降りる方法（写真3-1-2）

ギアに適合したロープを使用します。ギアの使用方法を熟知し、低い箇所での繰り返し訓練を行ってから使用します。降下前にロープの長さが、地上に降りるのに十分足りているかを確認します。ギアの使用方法等は販売店やメーカーに問い合わせ、正しく使用することが必要です。

写真3-1-2　ツリークライミングロープとディッセンダーを使用した降下例

I. ギア類の点検（Gear Inspection）・回収（Clean up）

ギア類の片づけ時には、傷や損傷はないか確認しながら行います。作業中に破損したギア類は他の破損していないギア類とは別に収納し、次の作業時の混入を防止します。その結果は、作業指揮者に報告し、指示に従い処理します。現場にギア類を忘れ、第三者の誤使用による事故防止のため、持ち込んだギア類の数量と同じであるかを確認します。

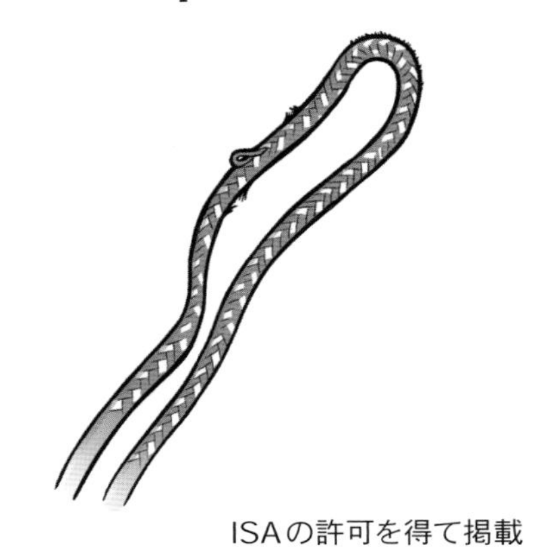

ISAの許可を得て掲載

J. 清掃（Clean up）

清掃は最も難しい作業の１つです。作業の最終仕上げですので依頼主の意向に添えるような清掃を行います。

K. 立入禁止箇所の解除等（Remove）

現場内に危険因子が無くなったことが確認できた後、現場の立入禁止等を解除します。その際、再度忘れ物がないか確認を行います。ギア類が木に取り付けたままになっている可能性もあるため、地上だけでなく作業を行った木も確認します。

L. 終業時ミーティング（Clean up Meeting）

終業時のミーティングでは当該現場作業員全員参加によって、以下の事項について確認します。

①作業員の体調、ケガの有無の確認

②作業箇所の確認

　後片付けの状況、枝、幹等の未搬出の荷崩れ防止策や、立入禁止措置の確認。火気の始末等

③ヒヤリハット報告

④その他の必要事項

3-1-4　その他注意事項

悪天候時の作業の中止

大雨、大雪、強風、暴風等の悪天候[※1]の時は直ちに作業を中断、または中止します。また、ツリーワークにおいて落雷も大変危険です。落雷の危険性が予想される場合も作業を中断または中止する必要があります。

悪天候時、中震以上の地震[※2]の後には、作業場所の点検（Site Inspection）と作業樹木の点検（Tree Inspection）を再度行います。

※１　悪天候の定義
「大雨」1回の降雨量が50㎜以上の降雨
「大雪」1回の積雪量が25㎝以上の積雪
「強風」10分間の平均風速が毎秒10m以上の風
「暴風」瞬間風速が毎秒30m以上の風
※２　中震以上の地震
震度階級４以上（計測震度3.5以上）

写真3-1-3　風による幹割れの例

強風によって枝や幹が折れることがあるため、川沿いや、建物の間等の突風や、時間帯による風の変化にも十分注意する必要があります。枝の残し方によって、強風でなくてもメトロノームのような揺れが起こり、幹折れすることがあるので、十分な注意が必要です。

照度の保持

ツリーワークの際は、枯れ枝等の確認に加え、ロープの結束等の作業もあり、安全作業のための照度を保持する必要があり、少なくとも150ルクス以上の照度確保が推奨されます。

150ルクスは普通作業に必要な照度となっており、事務所における照度基準（JIS Z9110）では工場の共用空間において、洗面所200ルクス、階段150ルクスが維持照度とされているので参考になります。

労働災害の多くは16時過ぎに発生しています。これは徐々に暗くなることや早く仕事を終わらせようとする焦り等が原因として挙げられます。災害防止のため、その場の危険防止の措置後、作業を早めに終了します。

写真3-1-4　照度の保持不良の例

振動障害予防について

ツリーワークにおいて、振動障害を考えるうえで最も使用の可能性があるものとしてチェーンソーが挙げられます。「チェーンソー取扱い作業指針」（厚生労働省）に具体的な予防対策が定められています。

3-2　墜落制止用器具、保護帽の使用方法と保守点検の方法

3-2-1　墜落制止用器具等

ツリーワーク等では、作業システムによって、ワークポジショニング器具（アーボリストサドル／ワークサドル）、墜落制止用器具（フルボディーハーネス、胴ベルト型）の使用が選択されます。作業に応じた安全な作業システムの選択とその作業システムに応じた器具の選択が必要です。ロープ高所作業に該当する場合は、墜落制止用器具の選定（着用、使用）が必要です。墜落制止用器具は、墜落時、内臓の損傷や胸部圧迫によるリスク軽減のため、原則、フルハーネス型となっています。

ただし、墜落時に着用者が地面に到達するおそれがある場合の対応として、胴ベルト型の使用が認められています。その他、選定要件や、使用方法、点検・保守・保管・廃棄基準等、詳しくは、フルハーネス型墜落制止用器具特別教育を受講する必要があります。

ワークポジショニングシステムに該当する場合は、ワークポジショニング器具(アーボリストサドル／ワークサドル）の選定（着用、使用）が必要です。アーボリス

写真3-2-1　フルハーネス型墜落制止用器具とアーボリストサドル
注意：使用方法等の詳細はメーカーや販売店に確認が必要。

トサドルの腹部（正面）には、ブリッジと呼ばれる可動可能なメインロープのアタッチメントが付属し、体をねじった状態での作業に対応しています。加えて、側部（両サイド）には、ポジショニングランヤードを取り付けるためのD環が付属し、安定姿勢の確保が可能となります。

フルハーネス型、胴ベルト型、アーボリストサドル等は安全作業に寄与する部分が大きいですが、リスクも存在します。その一例が、ぶら下がりによるサスペンショントラウマの発生です。サスペンショントラウマに限らず、考えられるリスクマネジメントが必要です。

3-2-2　保護帽

保護帽とは、主として頭頂部を飛来物又は落下物から保護する目的や、墜落の際に、頭部に加わる衝撃を緩和する目的で用いられるものです。

保護帽の着用規定は「労働安全衛生規則」「クレーン等安全規則」「厚生労働省行政指導通達」により定められています。また、労働安全衛生法では、保護帽着用に関する義務・罰則を事業者と労働者双方に定めています。

また、着用する保護帽は「保護帽の規格（労働省告示第六十六号）」に適合したものを使用します。電気作業用保護帽であって、墜落・飛来落下による危険を防止するためのものについては、「絶縁用保護具」に該当し、上記の規格に加えて「絶縁用保護具等の規格（労働省告示第百四十四号）」にも適合したものである必要があります。

ツリーワークでは、枯枝等の落下物や、墜落、電線等による感電の危険が予想されることから、使用区分が「飛来物・墜落時・電気用」の保護帽が推奨されます。

写真3-2-2　保護帽
注意：使用方法等の詳細はメーカーや販売店に確認が必要。
「2-2　メインロープ等の点検と整備の方法」（54頁）参照。

4章

関係法令

4-1　労働安全衛生法（抄）

第１章　総則

（目的）

第１条　この法律は、労働基準法（昭和22年法律第49号）と相まって、労働災害防止のための危害防止基準の確立、責任体制の明確化及び自主的活動の促進の措置を講ずる等その防止に関する総合的計画的な対策を推進することにより職場における労働者の安全と健康を確保するとともに、快適な職場環境の形成を促進することを目的とする。

（定義）

第２条　この法律において、次の各号に掲げる用語の意義は、それぞれ該当各号に定めるところによる。

一　労働災害　労働者の就業に係る建設物、設備、原材料、ガス、蒸気、粉じん等により、又は作業行動その他業務に起因して、労働 者が負傷し、疾病にかかり、又は死亡することをいう。

二　労働者　労働基準法第９条に規定する労働者（同居の親族のみを使用する事業又は事務所に使用される者及び家事使用人を除く。）をいう。

三　事業者　事業を行う者で、労働者を使用するものをいう。

三の二及び四　省略

（事業者等の責務）

第３条　事業者は、単にこの法律で定める労働災害の防止のための最低基準を守るだけでなく、快適な職場環境の実現と労働条件の改善を通じて職場における労働者の安全と健康を確保するようにしなければならない。また、事業者は、国が実施する労働災害の防止に関する施策に協力するようにしなければならない。

２　機械、器具その他の設備を設計し、製造し、若しくは輸入する者、原材料を製造し、若しくは輸入する者又は建設物を建設し、若しくは設計する者は、これらの物の設計、製造、輸入又は建設に際して、これらの物が使用されることによる労働災害の発生の防止に資するよう努めなければならない。

３　建設工事の注文者等仕事を他人に請け負わせる者は、施工方法、工期等について、安全で衛生的な作業の遂行をそこなうおそれのある条件を附さないように配慮しなければならない。

第４条　労働者は、労働災害を防止するため必要な事項を守るほか、事業者その他の関係者が実施する労働災害の防止に関する措置に協力するように努めなければならない。

第４章　労働者の危険又は健康障害を防止するための措置

（事業者の講ずべき措置等）

第20条　事業者は、次の危険を防止するため必要な措置を講じなければならない。

一　機械、器具その他の設備（以下「機械等」という。）による危険

二　爆発性の物、発火性の物、引火性の物による危険

三　電気、熱その他のエネルギーによる危険

第21条　事業者は、掘削、採石、荷役、伐木等の業務における作業方法から生ずる危険を防止するため必要な措置を講じなければならない。

2　事業者は、労働者が墜落するおそれのある場所、土砂等が崩壊するおそれのある場所等に係る危険を防止するため必要な措置を講じなければならない。

第22条　事業者は、次の健康障害を防止するため必要な措置を講じなければならない。

一　原材料、ガス、蒸気、粉じん、酸素欠乏空気、病原体等による健康障害

二　放射線、高温、低温、超音波、騒音、振動、異常気圧等による健康障害

三　計器監視、精密工作等の作業による健康障害

四　排気、排液又は残さい物による健康障害

第23条　事業者は、労働者を就業させる建設物その他の作業場について、通路、床面、階段等の保全並びに換気、採光、照明、保温、防湿、休養、避難及び清潔に必要な措置その他労働者の健康、風紀及び生命の保持のため必要な措置を講じなければならない。

第24条　事業者は、労働者の作業行動から生ずる労働災害を防止するため必要な措置を講じなければならない。

第25条　事業者は、労働災害発生の急迫した危険があるときは、直ちに作業を中止し、労働者を作業場から退避させる等必要な措置を講じなければならない。

第25条の2　省略

第26条　労働者は、事業者が第20条から第25条まで及び前条第1項の規定に基づき講ずる措置に応じて、必要な事項を守らなければならない。

第6章　労働者の就業に当たっての措置

（安全衛生教育）

第59条　事業者は、労働者を雇い入れたときは、当該労働者に対し、厚生労働省令で定めるところにより、その従事する業務に関する安全又は衛生のための教育を行わなければならない。

2　前項の規定は、労働者の作業内容を変更したときについて準用する。

3　事業者は、危険又は有害な業務で、厚生労働省令で定めるものに労動者をつかせるときは、厚生労働省令で定めるところにより、当該業務に関する安全又は衛生のための特別の教育を行なわなければならない。

4-2　労働安全衛生規則（抄）

第１編　通則

第４章　安全衛生教育

（特別教育を必要とする業務）

第36条　法第59条第３項の厚生労働省令で定める危険又は有害な業務は、次のとおりとする。

八　チェーンソーを用いて行う立木の伐木、かかり木の処理又は造材の業務

四十　高さが２メートル以上の箇所であって作業床を設けることが困難なところにおいて、昇降器具(労働者自らの操作により上昇し、又は下降するための器具であって、作業箇所の上方にある支持物にロープを緊結してつり下げ、当該ロープに労働者の身体を保持するための器具（第539条の２及び第539条の３において「身体保持器具」という。）を取り付けたものをいう。）を用いて、労働者が当該昇降器具により身体を保持しつつ行う作業（40度未満の斜面における作業を除く。以下「ロープ高所作業」という。）に係る業務

四十一　高さが２メートル以上の箇所であって作業床を設けることが困難なところにおいて、墜落制止用器具（令第13条第3項第28号の墜落制止用器具をいう。第130条の5第1項において同じ。）のうちフルハーネス型のものを用いて行う作業に係る業務（前号に掲げる業務を除く。）

（特別教育の細目）

第39条　前２条及び第592条の７に定めるもののほか、第36条第１号から第13号まで、第27号、第30号から第36号まで、第39号及び第40号に掲げる業務に係る特別教育の実施について必要な事項は、厚生労働大臣が定める。

第２編　安全基準

第９章　墜落、飛来崩壊等による危険の防止

第１節　墜落等による危険の防止

（作業床の設置等）

第518条　事業者は、高さが２メートル以上の箇所（作業床の端、開口部等を除く。）で作業を行なう場合において墜落により労働者に危険を及ぼすおそれのあるときは、足場を組み立てる等の方法により作業床を設けなければならない。

２　事業者は、前項の規定により作業床を設けることが困難なときは、防網を張り、労働者に要求性能墜落制止用器具を使用させる等墜落による労働者の危険を防止するための措置を講じなければならない。

（開口部等の囲い等）

第519条　事業者は、高さが２メートル以上の作業床の端、開口部等で墜落により労働者に

危険を及ぼすおそれのある箇所には、囲い、手すり、覆い等（以下この条において「囲い等」という。）を設けなければならない。

2　事業者は、前項の規定により、囲い等を設けることが著しく困難なとき又は作業の必要上臨時に囲い等を取りはずすときは、防網を張り、労働者に要求性能墜落制止用器具を使用させる等墜落による労働者の危険を防止するための措置を講じなければならない。

（要求性能墜落制止用器具の使用）

第520条　労働者は、第518条第２項及び前条第２項の場合において、要求性能墜落制止用器具等の使用を命じられたときは、これを使用しなければならない。

（要求性能墜落制止用器具等の取付設備等）

第521条　事業者は、高さが２メートル以上の箇所で作業を行なう場合において、労働者に要求性能墜落制止用器具等を使用させるときは、要求性能墜落制止用器具等を安全に取り付けるための設備等を設けなければならない。

2　事業者は、労働者に要求性能墜落制止用器具等を使用させるときは、要求性能墜落制止用器具等及びその取付け設備等の異常の有無について、随時点検しなければならない。

（悪天候時の作業禁止）

第522条　事業者は、高さが２メートル以上の箇所で作業を行なう場合において、強風、大雨、大雪等の悪天候のため、当該作業の実施について危険が予想されるときは、当該作業に労働者を従事させてはならない。

（照度の保持）

第523条　事業者は、高さが２メートル以上の箇所で作業を行なうときは、当該作業を安全に行なうため必要な照度を保持しなければならない。

（移動はしご）

第527条　事業者は、移動はしごについては、次に定めるところに適合したものでなければ使用してはならない。

一　丈夫な構造とすること。

二　材料は、著しい損傷、腐食等がないものとすること。

三　幅は、30センチメートル以上とすること。

四　すべり止め装置の取付けその他転位を防止するために必要な措置を講ずること。

（脚立）

第528条　事業者は、脚立については、次に定めるところに適合したものでなければ使用してはならない。

一　丈夫な構造とすること。

二　材料は、著しい損傷、腐食がないものとすること。

三　脚と水平面との角度を75度以下とし、かつ、折りたたみ式のものにあっては、脚と水平面との角度を確実に保つための金具等を備えること。

四　踏み面は、作業を安全に行なうため必要な面積を有すること。

（立入禁止）

第530条　事業者は、墜落により労働者に危険を及ぼすおそれのある箇所に関係労働者以外の労働者を立ち入らせてはならない。

第２節　飛来崩壊災害による危険の防止

（高所からの物体投下による危険の防止）

第536条　事業者は、３メートル以上の高所から物体を投下するときは、適当な投下設備を設け、監視人を置く等労働者の危険を防止するための措置を講じなければならない。

２　労働者は、前項の規定による措置が講じられていないときは、３メートル以上の高所から物体を投下してはならない。

（物体の落下による危険の防止）

第537条　事業者は、作業のため物体が落下することにより、労働者に危険を及ぼすおそれのあるときは、防網の設備を設け、立入区域を設定する等当該危険を防止するための措置を講じなければならない。

（物体の飛来による危険の防止）

第538条　事業者は、作業のため物体が飛来することにより労働者に危険を及ぼすおそれのあるときは、飛来防止の設備を設け、労働者に保護具を使用させる等当該危険を防止するための措置を講じなければならない。

（保護帽の着用）

第539条　事業者は、船台の附近、高層建築場等の場所で、その上方において他の労働者が作業を行なっているところにおいて作業を行なうときは、物体の飛来又は落下による労働者の危険を防止するため、当該作業に従事する労働者に保護帽を着用させなければならない。

２　前項の作業に従事する労働者は、同項の保護帽を着用しなければならない。

第3節　ロープ高所作業における危険の防止

（ライフラインの設置）

第539条の２　事業者は、ロープ高所作業を行うときは、身体保持器具を取り付けたロープ（以下この節において「メインロープ」という。）以外のロープであって、要求性能墜落制止用器具を取り付けるためのもの（以下この節において「ライフライン」という。）を設けなければならない。

（メインロープ等の強度等）

第539条の３　事業者は、メインロープ、ライフライン、これらを支持物に緊結するための緊結具、身体保持器具及びこれをメインロープに取り付けるための接続器具（第539条の５第２項第４号及び第539条の９において「メインロープ等」という。）については、十分な強度を有するものであって、著しい損傷、摩耗、変形又は腐食がないものを使用しなければならない。

２　前項に定めるもののほか、メインロープ、ライフライン及び身体保持器具については、次に定める措置を講じなければならない。

一　メインロープ及びライフラインは、作業箇所の上方にある堅固な支持物(以下この節において「支持物」という。）に緊結すること。この場合において、メインロープ及びライフラインは、それぞれ異なる支持物に、外れないように確実に緊結すること。

二　メインロープ及びライフラインは、ロープ高所作業に従事する労働者が安全に昇降するため十分な長さのものとすること。

三　突起物のある箇所その他の接触することによりメインロープ又はライフラインが切断するおそれのある箇所（次条第４号及び第539条の５第２項第６号において「切断のおそれのある箇所」という。）に覆いを設ける等これらの切断を防止するための措置（同号において「切断防止措置」という。）を講ずること。

四　身体保持器具は、メインロープに接続器具（第1項の接続器具をいう。）を用いて確実に取り付けること。

（調査及び記録）

第539条の４　事業者は、ロープ高所作業を行なうときは、墜落又は物体の落下による労働者の危険を防止するため、あらかじめ、当該作業に係る場所について次の事項を調査し、その結果を記録しておかなければならない。

一　作業箇所及びその下方の状況

二　メインロープ及びライフラインを緊結するためのそれぞれの支持物の位置及び状態並びにそれらの周囲の状況

三　作業箇所及び前号の支持物に通ずる通路の状況

四　切断のおそれのある箇所の有無並びにその位置及び状態

（作業計画）

第539条の５　事業者は、ロープ高所作業を行なうときは、あらかじめ、前条の規定による調査により知り得たところに適応する作業計画を定め、かつ、当該作業計画により作業を行なわなければならない。

2　前項の作業計画は、次の事項が示されているものでなければならない。
一　作業の方法及び順序
二　作業に従事する労働者の人数
三　メインロープ及びライフラインを緊結するためのそれぞれの支持物の位置
四　使用するメインロープ等の種類及び強度
五　使用するメインロープ及びライフラインの長さ
六　切断のおそれのある箇所及び切断防止措置
七　メインロープ及びライフラインを支持物に緊結する作業に従事する労働者の墜落による危険を防止するための措置
八　物体の落下による労働者の危険を防止するための措置
九　労働災害が発生した場合の応急の措置
3　事業者は、第１項の作業計画を定めたときは、前項各号の事項について関係労働者に周知させなければならない。

（作業指揮者）

第539条の６　事業者は、ロープ高所作業を行なうときは、当該作業を指揮する者を定め、その者に前条第1項の作業計画に基づき作業の指揮を行なわせるとともに、次の事項を行なわせなければならない。
一　第539条の３第２項の措置が同項の規定に適合して講じられているかどうかについて点検すること。
二　作業中、要求性能墜落制止用器具及び保護帽の使用状況を監視すること。

（要求性能墜落制止用器具の使用）

第539条の７　事業者は、ロープ高所作業を行なうときは、当該作業を行なう労働者に要求性能墜落制止用器具を使用させなければならない。
2　前項の要求性能墜落制止用器具は、ライフラインに取り付けなければならない。
3　労働者は、第１項の場合において、要求性能墜落制止用器具の使用を命じられたときは、これを着用しなければならない。

（保護帽の着用）

第539条の８　事業者は、ロープ高所作業を行なうときは、物体の落下による労働者の危険を防止するため、労働者に保護帽を着用させなければならない。
2　労働者は、前項の保護帽の着用を命じられたときは、これを使用しなければならない。

（作業開始前点検）

第539条の９　事業者は、ロープ高所作業を行なうときは、その日の作業を開始する前に、メインロープ等、要求性能墜落制止用器具及び保護帽の状態について点検し、異常を認めたときは、直ちに、補修し、又は取り替えなければならない。

第3編　衛生基準

第4章　採光及び照明

（照度）

第604条　事業者は、労働者を常時就業させる場所の作業面の照度を、次の表の上欄に掲げる作業区分に応じて、同表の下欄に掲げる基準に適合させなければならない。ただし、感光材料を取り扱う作業場、坑内の作業場その他特殊な作業を行なう作業場については、この限りでない。

作業の区分	基準
精密な作業	300ルクス以上
普通の作業	150ルクス以上
粗な作業	70ルクス以上

（採光及び照明）

第605条　事業者は、採光及び照明については、明暗の対照が著しくなく、かつ、まぶしさを生じさせない方法によらなければならない。

2　事業者は、労働者を常時就業させる場所の照明設備について、6月以内ごとに1回、定期に、点検しなければならない。

4-3　安全衛生特別教育規程（抄）

（ロープ高所作業に係る業務に係る特別教育）

第23条　安衛則第36条第40号に掲げる業務に係る特別教育は、学科教育及び実技教育により行なうものとする。

2　前項の学科教育は、次の表の上欄に掲げる科目に応じ、それぞれ、同表の中欄に掲げる範囲について同表の下欄に掲げる時間以上行なうものとする。（表）

科　目	範　囲	時　間
ロープ高所作業に関する知識	ロープ高所作業（安衛則第36条第40号に規定するロープ高所作業をいう。以下同じ。）の方法	1時間
メインロープ等に関する知識	メインロープ等（安衛則第539条の3第1項に規定するメインロープ等をいう。以下同じ。）の種類、構造、強度及び取扱い方法　メインロープ等の点検及び整備の方法	1時間
労働災害の防止に関する知識	墜落による労働災害の防止のための措置　安全帯及び保護帽の使用方法並びに保守点検の方法	1時間
関係法令	法、令及び安衛則中の関係条項	1時間

3　第1項の実技教育は、次の表の上欄に掲げる科目に応じ、それぞれ、同表の中欄に掲げる範囲について同表の下欄に掲げる時間以上行なうものとする。（表）

科　目	範　囲	時　間
ロープ高所作業の方法、墜落による労働災害防止のための措置並びに安全帯及び保護帽の取り扱い	ロープ高所作業の方法　墜落による労働災害の防止のための措置　安全帯及び保護帽の取り扱い	2時間
メインロープ等の点検	メインロープ等の点検及び整備方法	1時間

4-4　関係通達（抄）

基発0805第1号
平成27年８月５日

都道府県労働局長　殿

厚生労働省労働基準局長
（公　印　省　略）

ロープ高所作業における危険の防止を図るための労働安全衛生規則の一部を改正する省令等の施行について

労働安全衛生規則の一部を改正する省令（平成27年厚生労働省令第129号。以下「改正省令」という。）が、平成27年８月５日に公布され、一部を除き平成28年１月１日から施行されることとなったところである。また、改正省令と併せて安全衛生特別教育規程の一部を改正する告示（平成27年厚生労働省告示第342号。以下「改正告示」という。）が平成27年８月５日に公示され、平成28年７月１日から適用されることとなったところである。

その改正の趣旨、内容等については、下記のとおりであるので、関係者への周知を図るとともに、その施行に遺漏なきを期されたい。

記

第１　改正の趣旨

高さ２メートル以上の箇所で作業を行う場合には、墜落による労働者の危険を防止する措置として、作業床を設けることを義務付けている。

一方、作業床の設置が困難なところではロープで労働者の身体を保持して行うロープ高所作業を用いざるを得ない場合もあり、これまで安全帯の使用等労働安全衛生関係法令等に基づく指導を行ってきたところである。

しかしながら、ロープ高所作業にあっては、身体を保持するロープが外れる（ほどける）、安全帯を外す（接続せず）、ロープが切れる等によって、あるいは高所においてロープ高所作業のための準備作業中や移動中に墜落し死亡する災害が、特にビルの外装清掃やのり面保護工事において後を絶たない状況にある。

このように、ロープ高所作業は、死亡災害等の重篤な災害につながりやすい非常にリスクの高い作業であることから、専門家による検討会（ブランコ作業における安全対策検討会）の提言を踏まえ、今般、労働安全衛生規則（昭和47年労働省令第32号。以下「安衛則」という。）に新たにロープ高所作業における危険の防止規定を設け、安全対策の強化を図ることとされたものである。

具体的には、ライフラインの設置、十分な強度を有し損傷や変形等のないロープ等の使用、堅固な支持物への緊結やロープの切断を防止するための措置の実施、安全帯の使用等の基本的な安全措置に加え、作業場所の事前調査とそれに基づく作業計画の策定等作業場所に応じた安全対策の実施、作業指揮者や作業開始前点検による措置の確実な実施等を義務づけたところである。

また、ロープ高所作業に従事する労働者については、特別教育の対象とするとともに、安全衛生特別教育規程（昭和47年労働省告示第92号）の一部を改正し特別教育の内容を新たに規定したものである。

なお、ビルの外装清掃やのり面保護工事以外の作業については、メインロープのほどけによる墜落の危険を防止するための措置及びメインロープの切れによる墜落の危険を低減させるための措置を講ずることを条件として、新たに規定した安全対策のうちライフラインの設置のみ、当分の間、適用しないこととしたところである。

第２　改正の要点

Ⅰ　改正省令関係

1　改正省令第1条関係

(1)　ロープ高所作業の定義（第539条の２関係）

ロープ高所作業の定義を、「高さが２メートル以上の箇所であって作業床を設けることが困難なところにおいて、昇降器具（労働者自らの操作により上昇し、又は下降するための器具であって、作業箇所の上方にある支持物にロープを緊結してつりさげ、当該ロープに労働者の身体を保持するための器具。）を用いて、労働者が当該昇降器具により身体保持しつつ行う作業（40度未満の斜面における作業を除く。）」としたこと。

(2)　ライフラインの設置　（第539条の２関係）

事業者は、ロープ高所作業を行うときは、身体保持器具を取り付けたロープ（以下「メインロープ」という。）以外のロープであって､安全帯を取り付けるためのもの（以下「ライフライン」という。）を設けなければならないものとしたこと。

(3)　メインロープ等の強度等（第539条の３関係）

①　事業者は、メインロープ、ライフライン、これらの支持物を緊結するための緊結具、身体保持器具及びこれをメインロープに取り付けるための接続器具（以下これらを「メインロープ等」という。）については、十分な強度を有するものであって、著しい損傷、摩耗、変形又は腐食がないものを使用しなければならないものとしたこと。

②　①のほか、メインロープ、ライフライン及び身体保持器具については、次に定める措

置を講じなければならないものとしたこと。

ア　メインロープ及びライフラインは、作業箇所の上方にある堅固な支持物（以下1において「支持物」という。）に緊結すること。この場合においてメインロープ及びライフラインは、それぞれの異なる支持物に、外れないように確実に緊結すること。

イ　メインロープ及びライフラインは、ロープ高所作業に従事する労働者が安全に昇降するため十分な長さのものとすること。

ウ　突起物のある箇所その他の接触することによりメインロープ又はライフラインが切断するおそれのある箇所（以下「切断のおそれのある箇所」という。）に覆いを設ける等これらの切断を防止するための措置（以下「切断防止措置」という。）を講ずること。

エ　身体保持器具は、メインロープに①の接続器具を用いて確実に取り付けること。

(4)　調査及び記録（第539条の４関係）

事業者は、ロープ高所作業行うときは、墜落又は物体の落下による労働者の危険を防止するため、あらかじめ、当該作業に係る場所について次の事項を調査し、その結果を記録しておかなければならないものとしたこと。

①　作業箇所及びその下方の状況

②　メインロープ及びライフラインを緊結するためのそれぞれの支持物の位置及び状態並びにその周囲の状況

③　作業箇所及び②の支持物に通ずる通路の状況

④　切断のおそれのある箇所の有無並びにその位置及びその状態

(5)　作業計画（第539条の5関係）

①　事業者は、ロープ高所作業を行うときは、あらかじめ、(4)の調査により知り得たところに適応する作業計画を定め、かつ、当該作業計画により作業を行わなければならないものとしたこと。

②　作業計画は、次の事項が示されているものでなければならないも　のとしたこと。

ア　作業の方法及び順序

イ　作業に従事する労働者の人数

ウ　メインロープ及びライフラインを緊結するためのそれぞれの支持物の位置

エ　使用するメインロープ等の種類及び強度

オ　使用するメインロープ及びライフラインの長さ

カ　切断のおそれのある箇所及び切断防止措置

キ　メインロープ及びライフラインを支持物に緊結する作業に従事する労働者の墜落

による危険を防止するための措置

ク　物体の落下による労働者の危険を防止するための措置

ケ　労働災害が発生した場合の応急措置

③　事業者は、作業計画を定めたときは、②の事項について関係労動者に周知させなければならないものとしたこと。

(6)　作業指揮者（第539条の６関係）

事業者は、ロープ高所作業を行うときは、当該作業を指揮する者を定め、その者に(5)①の作業計画に基づき作業の指揮を行わせるとともに、次の事項を行わなければならないものとしたこと。

①　(3)②の措置が講じられているかどうかについて点検すること。

②　作業中、安全帯及び保護帽の使用状況を監視すること。

(7)　安全帯の使用（第539条の７関係）

①　事業者は、ロープ高所作業を行うときは、当該作業を行う労働者に安全帯を使用させなければならないものとしたこと。

②　①の安全帯は、ライフラインに取り付けなければならないものとしたこと。

③　労働者は、安全帯の使用を命じられたときは、これを使用しなければならないものとしたこと。

(8)　保護帽の着用（第539条の８関係）

①　事業者は、ロープ高所作業を行うときは、物体の落下による労働者の危険を防止するため、労働者に保護帽を着用させなければならないものとしたこと。

②　労働者は、保護帽の着用を命じられたときは、これを着用しなければならないものとしたこと。

(9)　作業開始前点検（第539条の９関係)

事業者は、ロープ高所作業を行うときは、その日の作業を開始する前に、メインロープ等、安全帯及び保護帽の状態について点検し、異常を認めたときは、直ちに、補修し、又は取り替えなければならないものとしたこと。

2　改正省令第２条関係

事業者が労働者に特別の教育を行わなければならない義務に、ロープ高所作業に係る業務を追加することとしたこと。（第36条及び第39条関係）

3　改正省令の附則関係

(1)　施行期日　(附則第１条関係)

改正省令は、平成28年１月１日から施行することとしたこと。ただし、改正省令第２条に定める新安衛則第36条の規定については、平成28年７月１日から施行することとしたこと。

(2)　ライフラインの設置に関する経過措置　(附則第２条関係)

ロープ高所作業のうち、ビルクリーニングの業務に係る作業又はのり面における石張り、芝張り、モルタルの吹付等ののり面を保護するための工事に係る作業以外の作業については、次の①及び②の措置を講じた場合に限り、当分の間、改正省令による改正後の安衛則（以下「新安衛則」という。）第539条の２の規定は、適用しないこととしたこと。また、この場合における新安衛則第539条の３から第539条の７までの規定において、必要な読替えを行うこととしたこと。

①　メインロープを作業箇所の上方の異なる２以上の堅固な支持物と緊結すること。

②　突起物のある箇所その他の接触することによりメインロープが切断のおそれのある箇所とメインロープとの接触を避ける措置を講ずること。ただし、当該措置を講ずることが作業の性質上困難な場合において①の支持物の他に当該箇所の下方にある堅固な支持物にメインロープを緊結させたときはこの限りでないこと。

Ⅱ　改正告示関係

Ⅰの２に伴い、ロープ高所作業に係る業務に従事する労働者に対する特別教育について、学科教育、実技教育の内容を次のとおりに規定したこと。(第23条関係)

(学科教育)

(1)　ロープ高所作業に関する知識　１時間

(2)　メインロープ等に関する知識　１時間

(3)　労働災害の防止に関する知識　１時間

(4)　関係法令　１時間

(実技教育)

(5)　ロープ高所作業の方法、墜落による労働災害の防止のための措置並びに安全帯及び保護帽の取り扱い　２時間

(6)　メインロープ等の点検　１時間

第３　細部事項

Ⅰ　改正省令関係

1　改正省令第1条関係

(1)　第539条の２関係

①　ロープ高所作業は、「高さが２メートル以上の箇所であって作業床を設けることが困難なところ」において行うものとしているが、これは、安衛則第518条第１項において、高さが２メートル以上の箇所（作業床の端、開口部等を除く。）で作業を行う場合には作業床の設置が義務付けられていることを前提としているものであるため、高さが２メートル以上の箇所においてロープ高所作業と同様の内容の作業を行う場合であって、作業床を設けることができるときには、同条第１項が適用されるものであること。

②「作業床を設けることが困難なところ」とは、目的とする作業の種類、場所、時間等からみて、足場を設けることが現実的に著しく離反している場合等における作業箇所をいい、単なる費用の増加によるもの等はこれに当たらないこと。

③「身体保持器具」には、例えばブランコ台、傾斜面用ハーネスのバックサイドベルトがあること。

④　こう配が40度未満の斜面においてロープ高所作業と同様の内容の作業を行う場合についても、新安衛則第539条の２、第539条の３、第539条の７、第539条の８及び第539条の９に定めるロープ高所作業における危険の防止措置を講ずることが望ましいこと。

⑤「ライフライン」は、安全帯を取り付けるためのものであって、ロープ高所作業中、常時身体を保持するためのものでないこと。

⑥　ライフラインとして、リトラクタ式墜落阻止器具（ランヤードの自動ロック機能、自動緊張機能及び巻取り機能を有する墜落阻止器具）を用いても差し支えないこと。

ただし、以下に掲げる場合については、それぞれ以下に掲げる条件を満たす必要があること。

ア　ライフラインとして使用しているロープにリトラクタ式墜落阻止器具を接続して一つのライフラインとして使用する場合については、当該ロープとリトラクタ式墜落阻止器具との接続が確実になされている状態であること。

イ　リトラクタ式墜落阻止器具を複数用いる場合については、安全帯を接続しているリトラクタ式墜落阻止器具を別のリトラクタ式墜落阻止器具へ付け替えるときにフックを２本備えた安全帯（常時接続型の安全帯）を使用する等により、労働者が昇降する間、常に安全帯がリトラクタ式墜落阻止器具に接続されている状態であること。

(2)　第539条の３関係

①　第１項の「緊結具」には、例えばカラビナ、スリング等があること。また、「接続器具」には、例えばエイト環、ディッセンダー(Descender)等の下降器及びアッセンダー(Ascender)等の登高器があること。

②　以下に定める強度を有するロープ等については、第１項の「十分な強度を有するもの」

として差し支えないこと。

ア　メインロープ及びライフラインにあっては、19.0キロニュートンの引張荷重を掛けた場合において破断しないもの。

イ　緊結具に使用するもののうち、カラビナにあっては11.5キロニュートンの、スリングにあっては15.0キロニュートンの、それぞれの引張荷重を掛けた場合において破断しないもの。

ウ　身体保持器具に使用するもののうち、垂直面用ハーネスにあっては11.5キロニュートンの、傾斜面用のハーネスのバックサイドベルトにあっては15.0キロニュートンの、環、環取付部及びつりベルト取付部にあっては11.5キロニュートンの、つりロープにあっては製品のアイ加工部を含めて19.0キロニュートンの、それぞれの引張荷重を掛けた場合において破断しないもの。

エ　接続器具に使用するグリップ、ディッセンダーにあっては、11.5キロニュートンの、引張荷重を掛けた場合においてメインロープの損傷等により保持機能を失わないもの。

③　第１項の「著しい損傷、摩耗、変形又は腐食」とは、これらが製造されたときと比較して、目視で形状等を判定することができる程度に異なったものをいうこと。

なお、メインロープ等については、あらかじめ保管場所及び保管方法、破棄・交換の基準等を定めておくことが望ましいこと。このうち保管場所、破棄基準については、独立行政法人産業安全研究所の技術指針である「安全帯使用指針」が参考になること。

④　第２項第１号の「堅固な支持物」とは、メインロープ又はライフラインに負荷させる荷重に応じた十分な強度及び構造を有する支持物をいうこと。なお、一の支持物を複数の労働者が同時に使用する場合には、当該支持物に同時に負荷させる荷重に応じた十分な強度及び構造を有する必要があること。

⑤　第２項第２号の「安全に昇降するため十分な長さ」とは、ロープ高所作業の最下部において地上又は仮設の作業床等に達するまでの長さをいうこと。ただし、リトラクタ式墜落阻止器具を用いる場合は、ランヤードの長さがロープ高所作業の最下部において地上又は仮設の作業床等に達するまでの長さをいうこと。また、

ア　(1)⑥のアの場合については、ロープとリトラクタ式墜落阻止器具のランヤードの長さの合計がロープ高所作業の最下部において地上又は仮設の作業床等に達するまでの長さをいうこと。

イ　(1)⑥のイの場合については、用いるリトラクタ式墜落阻止器具のランヤードの長さの合計がロープ高所作業の最下部において地上又は仮設の作業床等に達するまでの長さであること。

⑥　第２項第３号の「突起物のある箇所」には、例えば建築物にあっては庇、雨樋、のり面にあっては岩石があること。また、「切断のおそれのある箇所に覆いを設ける等」の等には、ロープに養生材を巻き付けることがあること。

⑦　第２項第４号の接続器具には、使用するメインロープに適合したものを使用すること。

⑧　第２項各号の措置については、ロープ高所作業に従事する労働者が作業を開始する直前に、当該労働者と新安衛則第539条の６に定める作業指揮者等による複数人で確認することが望ましいこと。

(3)　第539条の４関係

①　調査の方法には、立入による調査のほか、例えば地形図による調査、ロープ高所作業の発注者や施設の所有者・管理者等からの情報の把握等の方法があること。

なお、調査が適切に行われるよう、事業者と発注者等との間であらかじめ必要な連絡調整を行うことが望ましいこと。

②　調査結果の記録の様式は任意であること。また、記録の保存期間については、当該調査の対象となったロープ高所作業が終了するまでの間とすること。

③　第１号の「作業箇所及び下方の状況」については、作業計画において、作業の方法及び順序、使用するメインロープ等の種類及び強度、使用するメインロープ及びライフラインの長さ等を定めるために必要な事項を確認すること。

④　第２号の「メインロープ及びライフラインを緊結するためのそれぞれの支持物の位置及び状態並びにその周囲の状況」については、ロープ高所作業に適した支持物の有無、位置、形状、メインロープ及びライフラインを支持物に緊結する作業に従事する労働者の危険の有無を確認すること。

⑤　第３号の「作業箇所及び前号の支持物に通ずる通路の状況」については、支持物から作業箇所までロープを張るための通路も含まれ、通行する労働者の危険の有無を確認すること。

(4)　第539条の５関係

①　作業計画の様式は任意であること。

②　第２項第１号の「作業の方法及び順序」には、ロープ高所作業の手順のほか、作業箇所等に通ずる通路、ロープの取り付け方法も含まれること。

③　第２項第４号の「使用するメインロープ等の種類及び強度」には、第１号の作業の方法に適合したメインロープ、当該メインロープに適合した接続器具、身体保持器具及びその強度を示すこと。

④　第２項第７号の「支持物に緊結する作業に従事する労働者の墜落による危険を防止するための措置」には、安衛則第２編第９章第１節「墜落等による危険の防止」に定める

措置等があること。

⑤　第２項第９号の「労働災害が発生した場合の応急の措置」には、関係者への連絡、被災者に対する救護措置等があること。

(5)　第539条の６関係

①　作業指揮者には、新安衛則第539条の６に定める作業指揮者の職務を適切に実施できる者を選任すること。

②　労働者が単独で作業を行う場合は、作業指揮者の選任は要しないものであるが、新安衛則第539条の５に定める作業計画に基づく作業が適切に行われるためにも作業指揮者を選任することが望ましいこと。

(6)　第539条の７関係

①　第２項のライフラインに取り付ける安全帯のグリップには、使用するライフラインに適合したものを使用すること。

②　第２項の措置については、ロープ高所作業に従事する労働者が作業を開始する直前に、当該労働者と新安衛則第539条の６に定める作業指揮者等による複数人で確認することが望ましいこと。

(7)　第539条の８関係

①　物体の落下による危険を防止するための措置としては、本条とともに安衛則第537条に適用があること。ただし、防網の設置等により物体の落下による労働者の危険を及ぼすおそれがないときは、本条は適用しない趣旨であること。

なお、本条はロープ高所作業に従事する労働者についても、物体の落下による危険のおそれがあるときは適用があること。

②　第１項の「物体の落下による労働者の危険」は、ロープ高所作業を行う場所の状況、高さ、気象条件等を勘案して判断されるべきであるが、例えば、安衛則第537条に基づき物体の落下による危険のない区域（立入区域）を設定した場合であって、ロープ高所作業中にその鉛直下等当該区域以外に労働者を立ち入らせるときは、本条の適用があること。

③　ロープ高所作業中、当該作業に従事する労働者が使用する作業工具については、セーフティコードその他工具が落下することを防止するための紐等で身体に接続する等より物体の落下自体を防ぐ措置を講ずることが望ましいこと。

２　改正省令第２条関係

(1)　特別教育については、改正告示による改正後の安全衛生特別教育規程（以下「新規程」という。）第23条に定める学科教育及び実技教育により行うこと。なお、改正省令公布後施行日より前に、新規程第23条に規定するロープ高所作業に係る業務に係る特別教育の全部又は一部の科目を受講した者については、新安衛則第37条の規定に基づき、当該受講した科目を省略することができること。

3　附則第２条関係

(1)　第１項の「ロープ高所作業のうち、ビルクリーニングの業務に係る作業又はのり面における石張り、芝張り、モルタルの吹付け等ののり面を保護するための工事に係る作業以外の作業」には、例えば橋梁、ダム、風力発電等の調査、点検、検査等を行う作業があること。

これらの作業については、個々の作業方法に応じた安全対策についてなお検討の余地があることから、ロープ高所作業に係る安全措置のうち、同項第１号及び第２号に定める措置を講じたものについては、当分の間、ライフラインの設置について適用しないものとしたこと。ただし、当該措置を講ずることが困難な場合には、新安衛則第539条の２に基づくライフラインの設置が必要であること。

(2)　第１項の「のり面における石張り、芝張り、モルタルの吹付け等」の「等」には、例示されている以外ののり面保護工のほか、のり面の整形、浮石の処理等があること。

(3)　第１項第２号の「メインロープとの接触を避ける措置」とは、いわゆるディビエーション技術(第１号とは別の支持物、滑車、カラビナ等を用いて、メインロープの位置、方向を変えることで、接触によりメインロープが切断するおそれのある箇所とメインロープとの接触を避ける措置。）があること。また、「当該箇所の下方にある堅固な支持物にメインロープを緊結」とは、いわゆるリビレイ技術(接触によりメインロープが切断するおそれのある箇所の下方に上方のメインロープにかかる荷重を軽減し、当該接触によるメインロープの切断を避ける措置。）があること。

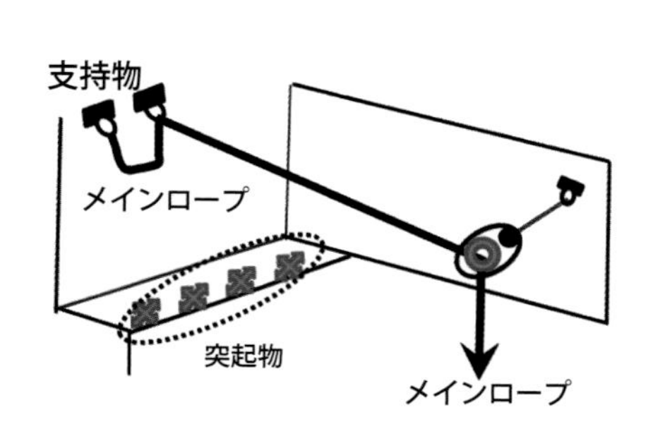

ディビエーション技術の例

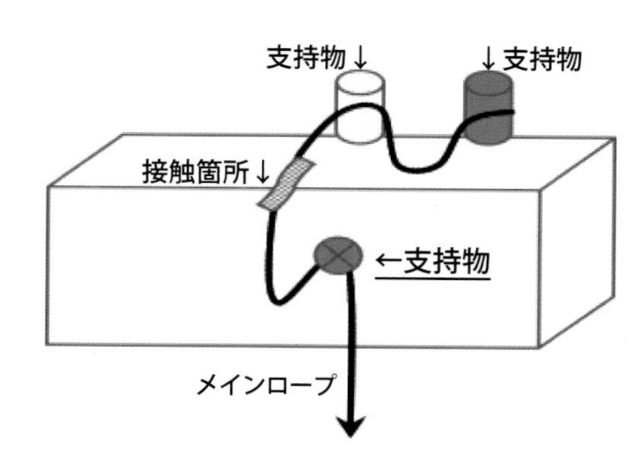

リビレイ技術の例

(4)　附則第1項に定める措置を講じる場合には、新安衛則第539条の5に定める作業計画に定めること。

5章

災害事例

災害事例 1（ウィップバック）

●1991（平成3）年

発生状況

かかり木となっているケヤキ風倒木の幹と枝が、かかられ木となった立木の先に10m近くも伸びており、被災者は、かかり木の上を歩いていき、かかり木の先端から約６m、立木のかかり部から４mの位置で、小型のチェーンソーを使って直径21cmほどの枝の切断作業を開始した。

しかし、枝を切り落とした瞬間、枝が切断の反動で跳ね上がった。その枝の上にいた被災者はバランスを失い、約９m下の地面に墜落し体を強打し、死亡した。

なお被災時の保護具については、保護帽、安全帯を着用していたが、安全帯については取り付ける適当な場所がなかったため使用していなかった。

発生原因

（記入欄）

再発防止対策

（記入欄）

災害事例 2（飛来落下）

●2009（平成21）年3月

発生状況

樹木枝切り作業において、高所作業車のバケットから枝切り作業を行っていたところ、地面に投下した枝が何らかの状況で作業箇所の下で枝を取りまとめていた被災者に当たり、死亡した。

発生原因

再発防止対策

災害事例 3（ストラックバイ）

●2009（平成21）年6月

発生状況

事業所内において、３人でカシの木（樹高約30m、直径0.6m）の枝伐採作業中、高さ3.6mの枝の上で枝（長さ3.0m、直径0.2m）を伐採するためチェーンソーで大半を玉切りし、続いてノコギリで切り落としたところ、その枝がはねて身体に当たり死亡した。枝は、落下しないように、上部の枝とロープで結ばれていた。

発生原因

再発防止対策

災害事例 4（墜落）

発生状況

メインロープの掛け替えの際、カラビナを安全帯に着けたつもりが、服に挟み込んでいたことに気が付かず、そのままメインロープに体重をかけたところ、服からカラビナが外れ墜落し、腰の骨を痛めるケガをした。

発生原因

再発防止対策

災害事例 5（墜落）

発生状況

ネット動画で、ロープを使った樹上作業を見て、「これは仕事に使える」と、近くのホームセンターでロープを購入し樹上作業を行った。被災者は作業を終え、地上に降下している最中にロープが溶けて切断したため、地上８mから墜落し両足を骨折するケガをした。

発生原因

再発防止対策

災害事例 6（バーバーチェア）

●2011（平成23）年11月

発生状況

電線鉄塔に近接した樹木の伐採工事において、高さ17m程のクヌギの木を伐倒するに当たり、長さ４m程の１本ハシゴを立てかけ、被災者１名が同ハシゴの上で安全帯の親綱を同木の幹に回した状態で、チェーンソーを用いて同幹の上部を伐採していたところ、幹が切り込み途中で裂けて、親綱が引っ張られた結果、幹に腹部を強く圧迫され、大腸破裂により死亡した。

発生原因

再発防止対策

災害事例 7（墜落）

発生状況

この災害は、枯損木をつり切りする作業中、誤って胴綱をチェーンソーで切断し墜落したものである。

作業者は、胴綱を装着し、鉄の爪（昇柱器）の付いた靴を履き、胴綱で体を支えながらマツの木の幹を切断する位置まで昇り、幹に巻いた胴綱で体を斜めに支え、幹に靴の爪を食い込ませて足場とし、チェーンソーを使用して幹を切断していた。

高さ約10.5mの幹の切断箇所で、切断面から50cm下当たりに掛けた胴綱で体を支え作業を始めた。チェーンソーを水平に保持して、受け口、追い口の順に幹を切断し、クレーンで吊った切断した幹が振れても激突しないように上体を下にかがめたとき、手にしたチェーンソーに触れた胴綱が切断し、墜落し死亡した。

発生原因

再発防止対策

災害事例 8（高所作業車からの墜落）

●2014（平成26）年7月

発生状況

高所作業車のバケット内でチェーンソーを使い、身を乗り出して枝を切る作業中に地上８ｍから落下し死亡した。

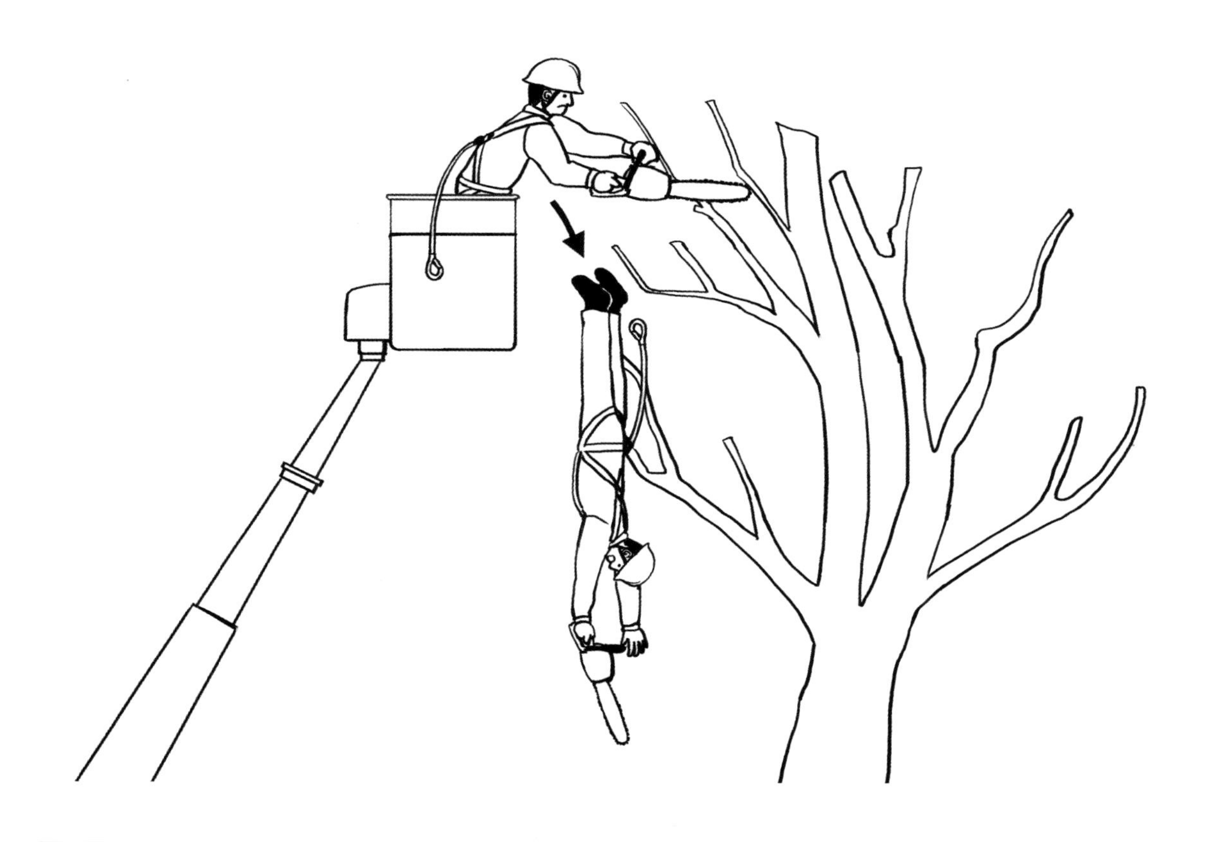

発生原因

再発防止対策

災害事例 9（墜落）

発生状況

枝にロープをタイインして、ツリークライミングの前にアンカーポイントに体重を掛け、強度を確認し樹上へと移動した。樹上に到着し枝上を移動（リムウォーク）したところ、枝が折れて落下した。

発生原因

再発防止対策

災害事例 10（壁面緑化作業中の墜落）

発生状況

壁面緑化作業中、屋上の支持物にメインロープ、ライフラインを設置し、作業を行なっていたが、何度も左右に動いていたためロープが建物の角に接触し摩擦が起こり、ロープが切れ転落し死亡した。

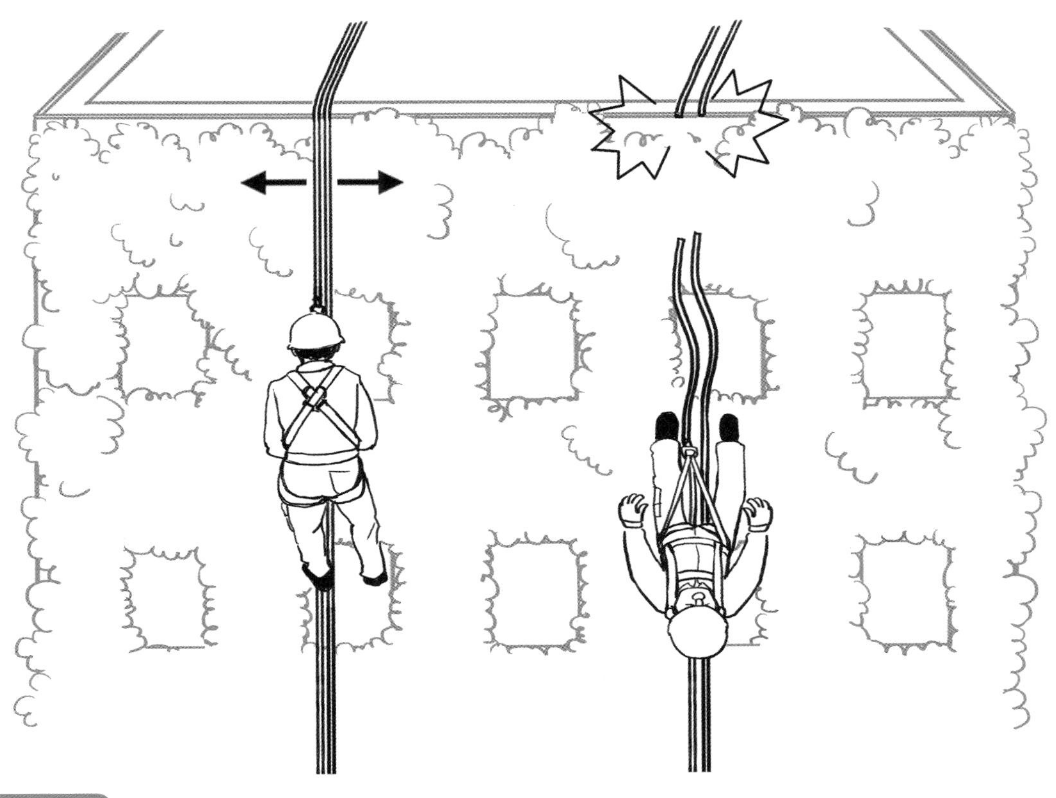

発生原因

再発防止対策

あとがき

『ロープ高所作業（樹上作業）特別教育テキスト』作成に対し、（一社）全国ガラス外装クリーニング協会連合会　安全技術教育委員会の皆様をはじめ、多くの方々にご指導いただき、出版に至りましたことを感謝申し上げます。

樹上作業に携わる方々が、
　一人でも安全に対する意識が高くなり、
　一人でも事故が未然に防止され、
　一人でも健康で楽しい毎日を送る人が増える。
そんなお手伝いができたなら、心からうれしく思います。

2023 年 8 月

アーボリスト® トレーニング研究所

参考文献等

労働安全法
労働安全衛生法
墜落制止用器具の規格
墜落制止用器具の安全な使用に関するガイドライン
関係通達基発0805第1号
関係通達基発第一一〇号
ANSI　Z133.1
The Work at Height Regulation 2005
Tree Climber's Guide 3rd Edition
THE TREE CLIMBER'S COMPANION
ロープ高所作業（ブランコ作業）特別教育テキスト
のり面ロープ高所作業に係る特別教育テキスト
墜落防止用の保護具に関する規制のあり方に関する検討会　資料3厚生労働省労働基準局安全衛生部安全課建設安全対策室　個人用保護具システムの分類例
Determination of rope access and work positioning techniques in arboriculture.
ワークポジショニング(樹上作業)ガイドライン DTCS

器具類

TREE　PRO
TREE　CLIMBING　JAPAN
Silky
SPYDER MANUFACTURING
CLIMB　LIGHT
ISC
KONG
STEIN
ATLANTIC BRAIDS
YALE CORDAGE
CLIMBING　TECHNOLOGY
SPYDECO
WEAVER
藤井電工　株式会社
株式会社　谷沢製作所
PELTOR
TAKUMI GLOVE

写真

尾賀聡（表紙）
アーボリスト®トレーニング研究所

協力

アーボリスト®トレーニング研究所
安全委員会

ISA（International Society of Arboriculture）
URL　www.isa-arbor.com/
E-mail　isa@isa-arbor.com

中部大学
〒487-8501　愛知県春日井市松本町1200
TEL　0568-51-1111（代表）
URL　http://www.chubu.ac.jp/

一般社団法人　全国ガラス外装クリーニング協会連合会
〒110-0016　東京都台東区東1丁目27番11号やわらぎビル
TEL　03-5817-8566　FAX　03-3835-3365

株式会社ツリークライミングワールド
〒480-1201　愛知県瀬戸市定光寺町323-4
TEL　0561-86-8080　FAX　0561-86-8580
URL　https://tcw.co.jp/
E-mail　info@tcw.co.jp

日本アーボリスト協会
〒355-0156　埼玉県比企郡吉見町長谷1565-17
URL　http://www.jaa-arbor.com/
E-mail　info@jaa-arbor.con

挿入図

ISA（International Society of Arboriculture）
本書の引用に当たり、ISAの許可を得て掲載
中坪政貴
イナアキコ
吉田高志

著作権・その他

・本書にて紹介した商品は製品例であり、使用方法、点検方法等の詳細について製造メーカーや販売店への問い合わせによる確認が必要です。

2023年版
ロープ高所作業（樹上作業）特別教育テキスト

2017年 6 月 1 日　初版発行
2019年 6 月 30 日　改訂初版発行
2023年 8 月 31 日　改訂 3 版発行

著 者　**アーボリスト® トレーニング研究所**
http://japan-ati.com

発行者　中山　聡
発行所　全国林業改良普及協会
〒 100-0014 東京都千代田区永田町 1-11-30 サウスヒル永田町
電話　03-3500-5030(販売担当)
03-3500-5031(編集担当)
ご注文FAX　03-3500-5039
E-mail　zenrinkyou@ringyou.or.jp
HP　http://www.ringyou.or.jp/
オンラインショップ　https://ringyou.shop-pro.jp

印刷・製本所　株式会社シナノ

Printed in Japan ISBN978-4-88138-451-0

関連書籍

ISA 公認 アーボリスト®基本テキスト
クライミング、リギング、樹木管理技術

ISA International Society of Arboriculture / シャロン・リリー 著
アーボリスト®トレーニング研究所 訳

ISBN978-4-88138-376-6
A4 判 カラー 200 頁／定価：8,800 円（本体 8,000 円＋税）

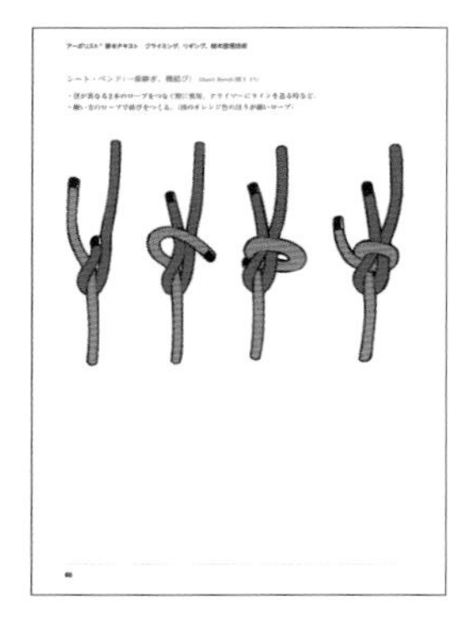

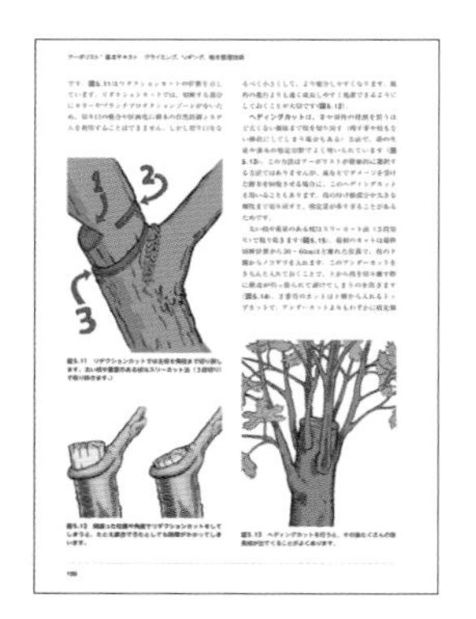

アーボリストの手引き書として世界中で読まれている「Tree Climbers' Guide, 3rd Edition」の日本語翻訳版。樹木生態学の基礎、ロープと結び、剪定、クライミング、リギング、伐倒・造材、基本技術、原則を分かりやすいイラストで解説しています。

◀ 購入はこちら

ISA 公認テキスト
アーボリスト®必携 リギングの科学と実践

ISA International Society of Arboriculture 著
アーボリスト®トレーニング研究所 訳

ISBN978-4-88138-361-2
B5 判　184 頁／定価：5,500 円（本体 5,000 円＋税）

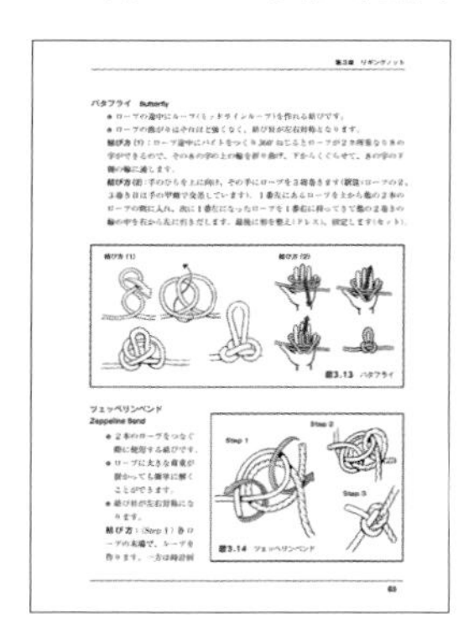

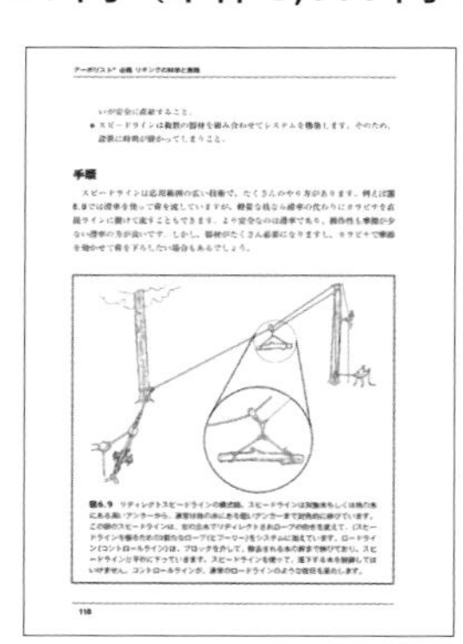

安全にリギングを行うために必要とされる重要な基礎技術および事故防止のためのベストプラクティス（一番良い方法）をまとめました。器材の選択と使用、結び、枝下ろしの基本的な方法から、リギングの技術と方法を複合して重い材を除去する上級テクニックまで紹介しています。

◀ 購入はこちら

お申し込みは、オンライン・FAX・お電話で直接下記へどうぞ。

全国林業改良普及協会
〒100-0014　東京都千代田区永田町 1-11-30 サウスヒル永田町
オンラインショップ
https://ringyou.shop-pro.jp
TEL 03-3500-5030　ご注文FAX 03-3500-5039

送料は一律 550 円。5,000 円（税込み）以上お買い上げの場合は無料。